云联接

SD - WAN

行业实践与前沿技术

袁初成 / 著

电子工业出版社
Publishing House of Electronics Industry
北京·BEIJING

内 容 简 介

本书主要介绍了 SD-WAN 的发展过程，以及源于 SD-WAN 的云联接的特征与内涵，并详细阐述了云联接在金融、商贸、工业、政府中的典型应用场景，帮助读者对 SD-WAN 与云联接有更直观的认识。本书后半部分阐述了 SD-WAN 与安全及人工智能的结合，并将视角投向未来，探索了 SD-WAN 未来的广阔增长空间。

本书内容通俗易懂，针对性和实用性强，能够帮助读者了解适合采用 SD-WAN 解决方案的应用场景和设计原则。

本书可作为网络工程师、网络架构师等从业者的学习用书，也可以作为网络技术爱好者的参考资料。

图书在版编目（CIP）数据

云联接：SD-WAN 行业实践与前沿技术 / 袁初成著. —北京：电子工业出版社，2024.1
ISBN 978-7-121-46814-8

Ⅰ. ①云… Ⅱ. ①袁… Ⅲ. ①广域网 Ⅳ.①TP393.2

中国国家版本馆 CIP 数据核字（2023）第 231102 号

责任编辑：张春雨
印　　刷：三河市良远印务有限公司
装　　订：三河市良远印务有限公司
出版发行：电子工业出版社
　　　　　北京市海淀区万寿路 173 信箱　　邮编：100036
开　　本：720×1000　　1/16　　印张：14.5　　字数：255 千字
版　　次：2024 年 1 月第 1 版
印　　次：2024 年 1 月第 1 次印刷
定　　价：89.00 元

凡所购买电子工业出版社图书有缺损问题，请向购买书店调换。若书店售缺，请与本社发行部联系，联系及邮购电话：（010）88254888，88258888。

质量投诉请发邮件至 zlts@phei.com.cn，盗版侵权举报请发邮件至 dbqq@phei.com.cn。

本书咨询联系方式：faq@phei.com.cn。

推荐序 1

云联接（Cloud Connect）源于软件定义广域网（SD-WAN）。软件定义广域网由于技术应用性强，近年来从一个由软件定义网络（SDN）部分衍生的分支概念发展为大规模普适的实践技术，并已成为建立网络新秩序的强大力量。在当下的企业网络构建中，软件定义技术带来了显著优势：使网络更加灵活、可控，为网络赋予更多的可能性。"软件定义"作为一个重大技术的发展趋势，大数据、物联网、信息安全、人工智能等相关的 IT 技术在可预见的未来，都离不开其能力的支撑。如今，尽管 SD-WAN 技术在业内仍未有系统、标准的定义，但未来的 WAN 传输将是软件定义的 WAN 这一观点已成为业内共识：只有在应用识别能力、隧道加密能力、动态优化能力、应用可视化能力和零信任构架五大能力的支持下，一个具有商业化价值的 SD-WAN 基础服务架构体系才能形成。

云联接，即世间万物中无处不在的联系、联接和联动，它是 SD-WAN 的形式化表述，包含了 SD-WAN 技术的丰富能力，是展现未来网络形态的理念。现代社会的发展已离不开网络，网络承载着百姓衣食住行的需求，也承载着企业的生产发展信息。云联接作为一种灵活、敏捷和可扩展的网络技术，价值不仅体现在技术融合方面，更体现在技术能够为每一个个体、每一个家庭、企业、社会和国家带来的价值，以及这些价值对时代的影响。它以 SD-WAN 为底座，实现云服务、信息安全、大数据、物联网、人工智能、5G 等技术的整合，可应用于诸多的广域网场景，支持互联互通、优化传输、智能选路、平台管理等通用应用场景。

本书详细阐述了云联接各组件如何通过协同工作，在各行业中满足多场景的应用需求，为各行业提供稳定、可靠的网络连接环境，并且为用户提供更优质的服务体验。书中的应用案例说明 SD-WAN 的价值已经超越单纯的连接功能，SD-WAN 已经融入了云计算、边缘计算、人工智能等领域，为企业提供了更为智能的网络解决方案，推动了企业的数字化转型。

本书为读者提供了极有价值的洞察视角和信息，可作为如何落地 SD-WAN 的实战指南。随着数字化转型的加速和人工智能技术的创新性突破，SD-WAN 作为一类创新的网络解决方案，已迅速走向企业网络的中心舞台。我相信，与传统网络技术的融合，以及与新兴技术（如 5G、人工智能等）的结合将为 SD-WAN 带来蓬勃发展的机会。

本书汇聚了作者和他领导的团队多年来积累的素材和案例，反映出他们从内涵特征、问题挑战、应用方案等方面对 SD-WAN 的深入思考。本书观点新颖、内容翔实、案例生动，兼具理论性和实践性，为广大读者深入理解 SD-WAN 技术提供了有价值的线索。本书特别选取了金融行业、零售连锁行业、工业行业、政务科技应用场景，介绍 SD-WAN 的内涵、特征和相关的构建方案，使读者能直观地认识与理解软件定义技术带来的深刻变革，真正走进软件定义网络的世界。

中国科学院院士、上海华科智谷人工智能研究院院长

何积丰　著名计算机软件科学家，现任中国信息技术标准化技术委员会软件与系统工程分技术委员会主任委员、国家可信嵌入式软件工程技术研究中心首席科学家、教育部可信软件国际合作联合实验室主任、上海市人工智能战略咨询专家委员会委员。

推荐序2

上海缔安科技股份有限公司（简称"缔安科技"）致力于推广"云联接"，并聚焦在 SD-WAN（软件定义广域网）技术与产品多年，已经成为中国相关产业的领军者之一。我一直在对全球产业格局进行研究，因而知道标普公司和摩根士丹利公司联合制定的"全球产业分类标准"（GICS）里有一个"非传统电信运营商"产业，这个产业是需要新的非传统通信技术和产品支撑的。随着云计算技术的发展，各类组织机构可以不依赖固定的传统电信运营商在全球建立自己的信息通信网络系统，SD-WAN 在其中体现了重要作用。缔安科技这家企业就是这类组织机构之一。作为缔安科技创始人袁初成的老师和世交好友，我衷心祝贺本书的出版。

基于数字化的新经济范式和新基建已成为我国国家战略的重要一环，为我国未来数字经济的繁荣奠定了坚实基础。SD-WAN 作为企业网络通用平台，不仅支持数据在各平台、软件和终端之间的流畅传输，而且跨越地域、平台和链路，连接了"云—边—端"，保障了新基建中各项基础设施的数据互通和应用融合。作为一种极具演进性、可软件化和内在安全性强大的网络架构，SD-WAN 在全方位支持企业信息化过程中扮演了至关重要的角色。

毋庸置疑，SD-WAN 已经成为产业数字化和企业数字化发展的网络基石。在我国数字经济和新基建中，云网融合和 5G 技术扮演着信息基础设施中不可或缺的角色，为未来产业的繁荣提供了新动能。SD-WAN 以其软件定义技术为基础，具备卓越的网络连接弹性，能够无缝整合云计算和固定通信，成为 5G 和云网融合在广域网中实施的关键利器。

数字经济和数字化转型也更加突显了网络安全的紧迫性，因为云计算已经打破了传统的边界，带来了安全保护的盲点。威胁不再仅仅存在于"南北向"（即从互联网到企业数据中心的流量），而且已经扩展到了"东西向"（即数据中心内部机器之间的流量）。核心业务系统遭受攻击和数据泄露的风险不断增加，因而"未知威胁"层出不穷。由于信息化基础设施的界限变得模糊不清，建构于互联网之上的企业网络和应用，需要更加细致入微的边界保护，身份、设备、应用和工作负载等逻辑实体需要更加严密的保护。融合业务安全和安全运营的订阅式内在安全服务已经成为网络安全产业战略转型的关键。SASE 作为 SD-WAN 融合安全服务的进化版本，整合了防火墙即服务（FWaaS）、云访问安全代理（CASB）、安全网关（SWG），以及零信任网络访问（ZTNA）等技术，为企业数字化安全提供了全方位的保护。

同时，在全球化战略的实施过程中，确保跨境数据传输的安全已经成为产业全球化发展的紧迫任务。改善跨境网络建设和相关法规也成为各国极为重视的议题。美国国务院推出了"清洁网络"计划，旨在减轻来自其他国家的潜在国家安全风险。日本与其他诸多国家或机构合作，积极推动跨境数据自由流动规则的制定。新加坡以建设亚太地区数据中心为导向，积极参与跨境数据流动合作。我国通过《中华人民共和国网络安全法》明确了数据存储和保护的制度。我国与其他国家网络基础设施的互联将直接影响我国企业的跨境贸易和全球产业贸易体系的发展。SD-WAN 服务通过对全球网络基础设施的全面覆盖，结合数据安全、身份安全和可靠传输等技术要求，确保并支撑我国出海企业发展自由贸易。与此同时，我国也日益重视和鼓励本国 SD-WAN 服务提供商在全球范围内建设网络，同时推出了更为严格的网络业务监管要求和电信业务运营资质审批流程，以推动和规范我国企业的 SD-WAN 全球化发展。

本书是一本旨在帮助读者深入了解 SD-WAN 技术的较全面的指南。此书从多方面深入探讨了 SD-WAN 的卓越之处，从核心的虚拟化、自动化，到智能路由等要素，将这一前沿技术的精髓透彻地呈现于读者眼前。接着，对 SD-WAN 在商业领域的应用进行了深入解析，揭示了它如何大显身手，推动不同产业领域的巨大进步，从而促进了效率与竞争力的飞跃提升。此外，书中还深入探讨了 SD-WAN 在网络安全领域的引领作用，特别是在网络威胁不断膨胀的情况下，如何运用 SD-WAN 技术来增强网络抵御攻击的能力。同时，聚焦 SD-WAN 在云计算、物联网、5G 等新兴技术领域的价值，以及其在全球范围内的发展趋势。通过对 SD-WAN 技术的深入探究，本书为行业专家、决策者、研究人员和学子们提供了较全面的参考，助其更好地理解、采纳并推动这一重要技术。

随着新基建规模的日益扩张及产业的数字化转型，可以预见，发展 SD-WAN 将成为产业数字化时代融合通信的必然趋势。在信息时代，网络不仅是世界连接的桥梁，还是国家安全和经济繁荣的支柱。SD-WAN 技术的崛起为我们提供了更强大、更安全的网络工具，以适应不断变化的挑战和机遇。通过本书，我们可以共同深入研究 SD-WAN 前沿技术及其应用，为信息时代的网络安全产业进步贡献智慧和经验。

愿本书点燃读者的思绪，激发创新之火，推动信息安全产业的不断发展，让我们共同构筑一个更加安全、强大和繁荣的数字化世界。

清华大学全球产业研究院首席专家、北京大学光华管理学院教授

何志毅 现任河仁慈善基金会副理事长、中国上市公司协会学术顾问委员会副主任委员、南方科技大学风险分析预测与管控研究院兼职教授、北京新瑞蒙代尔企业家研修学院理事长，曾任福建新华都慈善基金会首席顾问、闽江学院新华都商学院理事长兼执行院长、上海交通大学安泰经济与管理学院副院长（常务）、北京大学校产集团总裁、北京大学光华管理学院院长助理、北京大学管理案例研究中心创始主任。

作者序

　　看到《云联接：SD-WAN 行业实践与前沿技术》即将出版，我内心感触颇深。我在网络通信领域深耕十余年，始终关注分布式网络计算的应用并坚持自主研发、自主创新。SD-WAN（软件定义广域网）是网络信息领域中的新兴技术，我们公司自SD-WAN 概念兴起之时便一直深度参与其中，在 2015 年就建立了以 SD-WAN 为技术基础的"云联接"品牌理念，也真切地感受到国内 SD-WAN 市场蓬勃发展的活力。由于 SD-WAN 是由创新推动的基础底层技术，所以对于 SD-WAN 的定义，行业内并没有统一的标准。在 SD-WAN 领域多年的行业实战，让我们公司对 SD-WAN 的理解更加多元，也更加深刻。因此，希望能将一路走来的收获与成果体系化地总结出来，能有机会和发展 SD-WAN、正在使用 SD-WAN，以及即将使用 SD-WAN 的同行们分享对 SD-WAN 的认知与见解，这正是本书撰写与出版的初衷。

　　正如网络强国战略中六个"加快"提到"加快推进网络信息技术自主创新，加快数字经济对经济发展的推动，加快提高网络管理水平，加快增强网络空间安全防御能力，加快用网络信息技术推进社会治理，加快提升我国对网络空间的国际话语权和规则制定权，朝着建设网络强国目标不懈努力。"我们始终认为，网络技术是为业务服务的，网络构建应始终坚持以业务视角为核心。SD-WAN 能快速发展的原因，也正是它能在多个方面满足不同类型的企业在业务发展过程中对网络能力提出的要求，破除传统广域网方案的弊端。因此，在本书中，除了在开头对 SD-WAN 概念的技术性阐述，我们将较大的篇幅留给了 SD-WAN 在各行业中的应用场景与典型案例，期望以这种方式让读者对 SD-WAN 的价值有更直观的了解。

放眼未来，人工智能、数字孪生和高带宽移动数据通信等技术正在大规模落地。SD-WAN 将网络的控制平面与数据平面相分离，从而比传统的网络体系结构更灵活。这样的灵活性与适应性就使得 SD-WAN 易于和最新的技术相结合，相信也将适用于更多元化的应用场景。在脚踏实地的同时，本书也将视角投向未来，在最后部分探索了 SD-WAN 与人工智能结合的发展方向与潜力，并以数字孪生和 5G 为例，探讨 SD-WAN 更广阔的增长空间。

最后，由衷希望包含 SD-WAN 在内的数据网络通信事业发展蒸蒸日上，为自主创新的科学基础技术腾飞略尽绵薄之力！

袁初成

目　录

| 目　录 |

源于 SD-WAN 的云联接

云联接，直译成英文是"Cloud Connect"，它源于 SD-WAN（Software Defined Wide Area Network，软件定义广域网）这一概念。SD-WAN 在可预见的未来将成为网络演进的形态，它的核心能力之一便是将云进行连接。云联接希望达到的目的也十分明确：将数据在云中传输的速度进一步提升；将云间承担传输责任的路径顺畅打通；将云的自身潜力充分激发。这三点也与"Cloud Connect"这个名称一一对应。

- 将"Cloud Connect"的首字母单独提出来，是两个"C"，两个 C 相乘是"C^2"，即"光速的平方"（通常用 C 表示光速），代表数据传输速度呈指数级提升。

- "Cloud"，即云。在现代通信概念中，"云"作为集合硬件、软件、网络等系列资源的技术，已经成为承载各类形态的数据并提供计算、存储、处理和共享的一大关键。也正由于它蕴含着广博的资源，所以潜力可观，目前被发掘利用的价值仍仅为"冰山一角"。

- "Connect"，即连接。连接的前提有三点，一是连接的需要，二是被连接的客体，三是连接的方式。数据产生后需要被传送到相应的位置进行处理，这便产生了连接的需要；数据便是连接中的客体；连接数据的路径即连接的方式。连接的关键在于将承担传输责任的路径顺畅打通。

云联接这个提法是从 SD-WAN 概念中抽象出的一个简洁、直白的理念，也能体现笔者对虚拟云世界的前瞻性、洞察力与自信心。未来的云世界将会是云联接的世界。下面让我们首先了解 SD-WAN 与云联接的概念。

1.1 SD-WAN 概念演化过程

SD-WAN 是近年来在企业网络通信领域中逐渐兴起的概念，它由软件定义网络（Software Defined Network，SDN）中专门针对广域网（Wide Area Network，WAN）的部分衍生而来，在短短几年时间内，SD-WAN 就从一个小范围流行的分支概念发展为大规模普适的实践技术。由于技术应用性强，SD-WAN 目前风头正劲，并且已成为建立网络新秩序的强大力量。

在 SD-WAN 火遍大江南北之前，通信市场曾历经分布式计算、PaaS（Platform-as-a-Service，平台即服务）的迭代演进过程。早在 2006 年，Google（谷歌）在全球首次提出了云计算的概念。之后，"云计算"作为对网络通信线路和资源的延伸，逐渐进入大众视野，并在如计算能力虚拟化等技术发展的助推下以强劲的势头快速发展。如今，业界已经基本形成共识，即：在未来的广域网中，将由 SD-WAN 技术"一统江湖"，将目前常见的通用的 DDN（Digital Data Network，数字数据网）、MPLS VPN（Multi-Protocol Label Switching Virtual Private Network，多协议标签交换虚拟专用网络）、MSTP（Multi-Service Transport Platform，多业务传送平台）、IPSec VPN（Internet Protocol Security Virtual Private Network，因特网协议安全虚拟专用网）的线路能力收拢，并置于 SD-WAN 网络结构的下层 Underlay（物理网络）资源池中，而将未来更为丰富的广域网资源，以及服务应用优化和安全功能等，交由 SD-WAN 网络结构的上层 Overlay（逻辑网络）进行调度和执行。

从字面上看，"软件定义广域网"中的"广域网"是这一概念的基本点，"软件定义"则是发力点。我们要理解 SD-WAN，首先来看一下"WAN"的定义。

"WAN"指的是"广域网"。广域网是与局域网相伴相生的概念。如图 1-1 所示，广域网可以简单理解为连接不同地区局域网（或城域网）计算机通信的远程网。从一家企业用户的视角来看，企业办公属地所使用的本地网络通常为局域网（Local Area Network，LAN），这一网络被保护在本地的防火墙以内，以屏蔽外界攻击；而在防火墙之外，所有的外部网络都可以被视为这家企业的外联网（如图 1-2 所示），利用外联网的各种资源，将一家企业不同的局域网相连，即构成这家企业的广域网。

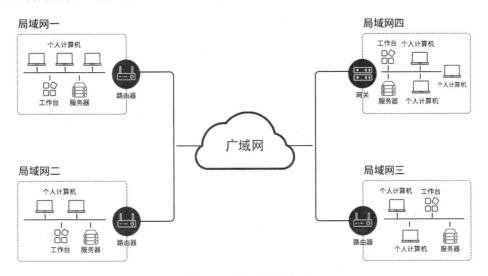

图 1-1　局域网与广域网

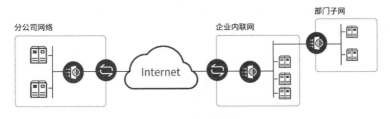

图 1-2　企业外联网

通常来说，局域网基本上都是内联网，而广域网不一定都是外联网。基于广域网资源和 SD-WAN 技术，可以构建一家企业分布在多个地理位置上相距较远的办公地点且涵盖多种线路资源的内联网。

构建一家企业的外联网可以依赖的技术不止一项，如通过电路连接的数据专线技术、基于 IP 协议的虚拟专网组网技术等。SD-WAN 作为网络通信技术中一颗冉冉升起的新星，在当下的企业网络构建中发挥着软件定义技术带来的优势。软件定义使网络更加灵活、可控，为网络赋予更多的可能性。就这项重大技术的发展趋势而言，大数据、物联网、信息安全、人工智能等几乎一切 IT 技术与理念在可以预见的未来都离不开"软件定义"能力的支撑。以软件的方式将网络资源进行定义与划分，继而综合部署、高效利用，相对于过去通过硬件及架构进行数据资源传输管控的理念，是质的进步。

1.1.1 前期的技术演进

数据通信是一种将通信技术和计算机技术相结合而形成的新型通信方式。其中，通信技术是实现数据通信的重要基础。纵观数据通信技术发展的历史，我们可以通过不同的技术特征将通信技术的发展粗略地划分为两个阶段。

- 1980—1999 年可被视为窄带数据通信技术逐步发展并推广的 20 年。20 世纪 70 年代末至 20 世纪 80 年代初，分组交换技术 X.25 出现，其采用的统计复用技术使通信线路的利用率、可靠性和质量得到提升，在相当长的一段时间内占据数据通信的主导地位。同一时期，美国 AT&T 公司开始为用户提供数字数据网（DDN）业务，该服务以其灵活的接入方式和相对较短的网络延迟而受到认可，业务快速发展。20 世纪 80 年代后期，基于 X.25 的分组交换网络的很多缺点——如排队时延长、通信链路速度低等逐渐凸显，证明这一网络技术无法更好地支持当时的业务发展需求。于是，FR（帧中继）和 ATM（Asynchronous Transfer Mode，异步传输模式）技术作为 X.25 的改善型技术被提出，尤其是 ATM 技术，受到广泛认可。ATM 骨干网络替代了 X.25 网络，成为互联网的骨干网络。在这 20 年中，数据通信逐步从研发探索阶段发展到大规模应用阶段，X.25、FR、DDN 技术是典型代表。

- 2000—2019 年可被视为宽带数据通信技术发展的 20 年。步入 21 世纪后，路由器技术在吸取了 ATM 技术的精华之后取得了技术创新关口的重大突破，千兆线速转发的路由器的成功研制和光传输技术的迅猛发展使得以太网在单模光纤上的传输距离甚至能达到 600km 以上，IP 网络逐渐取代 ATM 网络，成为互联网的主力军。在这段时间内，宽带数据通信呈现出高速的发展势头与全面的落地应用能力，IP 技术超越 ATM，一统数据通信领域。这段时间的典型代表技术包括但不限于 MSTP、MPLS VPN、IPSec VPN 等。

可以看出，无论是 1980—1999 年窄带通信时代的专线连接技术，还是 2000—2019 年宽带数据通信时代的专线互联技术，都在当时的发展阶段内显著提升了通信的效率，大幅扩增了网络带宽，对经济发展、社会进步起到必不可少的推进作用。

不过，无论是窄带数据通信还是宽带数据通信，其通信技术本质上都还是局限在通信七层架构的下面三层（如图 1-3 所示）。受到基础资源环境、技术能力水平、市场需求等多种因素的限制，这两种通信技术即使能够在单一通信链路中进行一定程度的优化和策略调度，但是在面对跨多链路的流量调度时难有合适的策略对其进行有效管理。

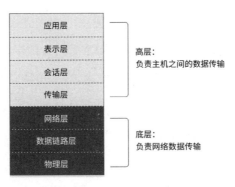

图 1-3　七层架构图

此外，基于应用（Application）的链路资源配置及管理也难以实现，这成为企业信息化建设的桎梏。由于企业的应用种类繁多且不同应用对网络链路的要求不同，所以，企业迫切需要一种能够识别应用并使应用运行在与之匹配的链路中的方案，避免出现在购买了多条网络线路后仍频繁发生流量占满的情况，而且除不断进行带宽增加外别无他法。由此，"软件定义"的概念逐渐进入大众视野，SD-WAN 的时代正逐步到来。

1.1.2 未来软件定义的 WAN

如今，SD-WAN 在业内仍未有统一的标准定义，各个机构基于自身行业特色及对 SD-WAN 特征的理解对其进行描述，这些描述也将在本书第 2 章中呈现。目前广为流传的一个定义为"SD-WAN 是将 SDN 技术应用到广域网场景中所形成的一种服务，用于连接广阔地理范围的企业网络、数据中心、互联网应用及云服务"[①]。这个定义对 SD-WAN 的技术背景——SDN 技术、适用场景——广域网场景、适用对象——企业、主要作用——连接、作用点——企业网络、数据中心、互联网应用及云服务进行了高度概括。

本书则基于对 SD-WAN 的长期技术研发与市场开拓经验，综合考虑现如今市场的供求情况，在以上定义中进行如下补充：

SD-WAN 是将内外部网络资源进行统一管理、统一调度，同时包含应用识别能力、隧道加密能力、动态优化能力、应用可视化能力、零信任构架能力的一种虚拟化传输技术，它包含软件、硬件等丰富的形态，能够支持增值业务服务，并主要通过服务的方式交付使用。

随着分布式计算技术的优化迭代和计算虚拟化技术能力的大幅提升，云计算能力和网络传输能力的融合统一成为技术发展的一个必然趋势。云网共融，关键在于传输能力的提升与互联技术的自治。

数字世界的底层由计算、存储、传输三大支柱构成，它们互为辅佐，同生共存，迭代演进几乎同步进行（如图 1-4 所示）。不过，在通常情况下，计算和存储的迭代速度会略快一些，这主要由于计算和存储能力常常可以依赖单点资源能力的进步而快速

---

① SDxCentral Studios. What Is SDN-WAN and Why Does it Matter?[EB/OL]. [2017-02-09].

提升，而传输能力却需要依赖更多资源节点能力的同步提升，而非单点改善。因此，传输能力提升所面临的压力与挑战也更大一些。

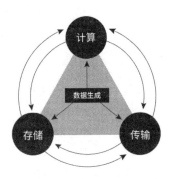

图 1-4　数字世界三大支柱

虽然传输技术变革整体进程较为平缓，但是这一技术领域的提升与创新却从未停止。作为从 SD-WAN 概念中抽象出的理念，云联接持续迭代调整，从分布式结构在传输场景中的设计与应用开始，历经分布式传输架构优化、云 PaaS 平台构建、SD-WAN 平台构建三个阶段，逐步实现广域网能力的完善。如今，尽管 SD-WAN 技术提供方的技术实现路径和部分技术标准尚未完全统一，但对"未来的 WAN 传输将是软件定义的 WAN"这一观点已形成业内共识。只有在应用识别能力、隧道加密能力、动态优化能力、应用可视化能力、零信任构架能力五大基本能力（如图 1-5 所示）的支持下，SD-WAN 才能够形成一个具备商业化能力的基础服务架构体系。

图 1-5　SD-WAN 的五大能力模型

1.2 "百花齐放"的应用场景

SD-WAN 的本质是虚拟化传输。经过对现实世界中的技术进行探讨和延伸后我们知道，为了适应不同用户的使用需求与应用场景，SD-WAN 展现出了丰富的表现形态，这也正是"百花齐放"的应用场景的形成原因。SD-WAN 市场仍是一个完全竞争的市场，产品虽形态各异，但其核心能力保持统一。因此，如果将一个单独的产品展现形态（或者是特定的产品表现形式）理解为"这就是 SD-WAN 的本质"，难免失之偏颇。

事实上，SD-WAN 的发展趋势也早已超出了简单组网的范畴，越来越向外延和上层发展。将其应用场景深入剖析，可以划分为四种服务类型，分别为上云服务、跨域服务、替换服务和组网服务。每类服务的侧重点不同，对场景的关注、对客户群体的定义、对产品着力点的选择也各有不同（如表 1-1 所示）。

表 1-1 四种服务类型对比表

四大侧重点	场 景	客户画像	产 品 力	安全能力
上云服务	构建企业访问云端应用的隧道；跨多云、混合云访问	有意向或已经在云端部署应用，有多分支访问云端应用的需求；上云访问需求相对较为简单	主要提供已有云产品/云应用的辅助能力	安全能力非首要关注点
跨域服务	SaaS 应用访问优化；构建跨国网络访问架构	有 SaaS 访问优化需求；有跨国访问需求（如企业分支在海外）	主要提供国内及海外大量节点资源的能力	整体安全性保障较为困难，尤其在跨国访问场景中
替换服务	替换企业原网络线路/架构	现有网络线路/架构难以满足业务需求；成本敏感，追求更高性价比	主要提供与既有网络设备/线路相比更优质的硬件设备/线路优化能力；提供无缝割接的解决方案与能力	通过在硬件设备中叠加安全功能，实现一定的安全能力保障
组网服务	构建与企业多分支/网络访问需求相适应的网络架构	有多分支高效组网或快速拓展分支业务的需求；有优化网络效能的需求	主要提供适应不同应用场景的网络服务能力	通过点对点的安全保障强化整网安全能力

1.2.1　SD-WAN 的应用场景 1：上云服务

伴随着企业将越来越多的应用被部署在云端以释放本地资源，混合云的技术架构成为流行趋势，企业数据中心和云端之间的连接成为必需，上云服务应运而生。事实上，正如前文所提，SD-WAN 的缘起与核心能力之一便是将云进行连接。

从运营模式看，云服务提供商依靠大量的数据中心和云服务等资源为客户提供上云服务，以 SD-WAN 技术打通多云之间的访问隧道，并帮助企业迅速组建线下分支机构访问云端应用的通道，协助企业快速上云。

为企业提供上云服务的 SD-WAN 厂商主要提供为已有云产品/云应用的辅助能力，在此基础上进行产品能力的迭代，能够基于业务对带宽的需求实现动态调整和弹性计费，大幅降低企业的 IT 运维成本和管理难度。

值得一提的是，部分软件 SD-WAN 供应商不仅能够提供上云服务，还能够提供企业 CPE（Customer Premise Equipment，客户终端设备）和统一管理系统，自身也在与云服务提供商寻求合作并搭建运营级网络，利用遍布全球的互联网资源和 PoP（Point-of-Presence，入网点）节点，结合传输优化技术，为企业打造广覆盖、低开支、高保障的 SD-WAN 灵活组网。

关于 SD-WAN 上云，将在本书 7.1 节中进行详细阐述。

1.2.2　SD-WAN 的应用场景 2：跨域服务

SaaS（Software-as-a-Service，软件即服务）作为云计算模型之一，SaaS 供应商为企业搭建了信息建设所需的所有网络基础设施及软硬件运行平台，就像自来水厂已经铺设好到各户居民的水管，居民打开水龙头就能用水一样，企业通过互联网就能使用信息系统。SaaS 模式让软件回归服务的本质，减少了企业采购、维护、管理的成本，广受企业好评。

然而，当企业逐渐依靠众多 SaaS 供应商提供的统一通信、办公套件、客户关系管理、人力资源、财务管理，以及更多的专业服务来实现企业内部的操作协同时，IT

部门却很难确保在使用这些应用软件的过程中，企业内部员工所获实际服务的质量。由于 SaaS 应用是通过互联网访问的，所以当互联网拥塞时，它很难保证访问质量。特别是海外 SaaS 应用，经常存在访问缓慢甚至访问中断的情况，严重影响业务的正常开展。

SD-WAN 领域中主打跨域服务的厂商可以通过数据 IP 地址和流量类型来识别出企业所需的关键 SaaS 供应商的流量，并通过自身具备的全球 PoP 节点资源与互联线路自动匹配优质路径，提升员工对 SaaS 应用的访问体验。此外，部分有出海诉求的企业也正在寻找适用于跨国网络传输的合适方案。综合快速开通与节省成本两方面考虑，提供跨域服务的 SD-WAN 厂商能够借助其服务化的模式及可复用的资源协助企业快速完成海外分支网络的建设。

无论是以上哪种场景，对这些厂商而言，提供跨域服务的 SD-WAN 就像建立由一条条高速公路形成的高速路网一样，对于资源的需求非常庞大。除了受限于 SD-WAN 边缘网关设备本身的能力，若全球的资源节点不足，则 SD-WAN 对传输明显的提升优化效果也很难体现。因此，在每个提供跨域服务的 SD-WAN 厂商官网中，我们都可以看见一张分布着不同节点示意的全球地图。

不过，需要注意的是，SD-WAN 厂商在提供跨域服务时，必须遵守法律、行政法规。《中华人民共和国网络安全法》第十条规定：建设、运营网络或者通过网络提供服务，应当依照法律、行政法规的规定和国家标准的强制性要求，采取技术措施和其他必要措施，保障网络安全、稳定运行，有效应对网络安全事件，防范网络违法犯罪活动，维护网络数据的完整性、保密性和可用性。

对企业而言，虽然 IT 部门能够通过 SD-WAN 管理门户进行网络的管控，但是由于跨域服务面临距离远、受攻击可能性大等问题，保障跨域访问整体的安全性将成为提供跨域服务的 SD-WAN 厂商面临的主要挑战。

1.2.3　SD-WAN 的应用场景 3：替换服务

SD-WAN 的诞生对传统的 VPN（Virtual Private Network，虚拟专用网络）市场产生了巨大冲击。在过去，企业如果需要搭建两地或多地之间的 VPN，除采购设备外，还需自行对照着厂商提供的多达近千页的操作手册进行配置，因此企业的网络能力非常依赖于企业 IT 团队的技术水平。如果在使用过程中遇到操作手册中未能明确说明的问题，企业只能通过联系 VPN 供应商的客服开启工单解决，效率极为低下。

另外，传统 VPN 的传输质量完全依赖于互联网的质量，若基础链路质量不高，则 VPN 通道必然受到影响，甚至可能出现频繁的线路中断。用户只能默默忍受，等待互联网的质量恢复来重建连接，体验较差。

毫无疑问，企业希望寻找的是能够在更低成本的基础上获得性能、安全性、灵活性更佳的网络，以及更优质的使用体验。传统 VPN 存在的问题使部分 SD-WAN 厂商发掘出通过 SD-WAN 替换企业已有 VPN 设备的机会。

不同的 SD-WAN 厂商所用的技术可能不同，但相比传统 VPN 都能提供更佳的传输效果。例如，在国外厂商中，Cisco（思科）利用 WAAS（Wide Area Augmentation System，广域增强系统）对应用进行加速并优化流量，Juniper（瞻博网络）利用专利的 MSR 和 NSC 技术实现数据压缩，Riverbed 利用数据削减减少重复传输；国内厂商如华为使用 FEC（Forward Error Correction，前向纠错）、多路包复制、逐包负载分担实现广域网优化，缔安科技利用自研互联网隧道优化协议，屏蔽基础链路丢包率多达 30% 的影响。

对于使用网络服务的企业而言，除了关注 SD-WAN 技术的优势，还要关注如何在不影响业务的情况下顺利地从 VPN 切换至 SD-WAN，避免"大动干戈"。这不但涉及厂商所提供的设备能力——以对现网环境不需要任何改造的部署方式来降低企业替换的门槛，也对替换方案的设计提出了更高的定制化要求。

1.2.4　SD-WAN 的应用场景 4：组网服务

以提供组网服务为核心业务的 SD-WAN 厂商构成了 SD-WAN 四类应用场景中尤为突出的一股势力，组网服务也是 SD-WAN 入局玩家最多的领域之一。随着业务的发展，企业需要在全国开设办事处或分公司，因此必须解决分支与总部间的数据互联问题。企业亟须构建高效、安全、可靠的 IT 整体架构，以实现安全互通。事实上，组网服务经过多年的发展，已经形成较为成熟的各类方案，如 MSTP 专线、MPLS VPN、IPSec VPN 等。那么，企业为什么还迫切地需要 SD-WAN 呢？

简而言之，SD-WAN 能够在弥补各类网络方案或大或小的"短板"的同时，协助企业达到 IT 建设降本增效的要求。随着企业生产经营环境的快速变化，企业期望在压缩网络成本的同时，能提高业务的响应效率。例如，当企业的多个异地分支同时访问某应用时，可能需要跨越多个运营商的网络，而跨运营商网络则容易出现网络抖动、丢包甚至服务中断的问题；当客户需要频繁使用 IP 电话、视频会议、云桌面、VR 应用时，对网络时延和带宽的要求越来越苛刻，希望获得流畅、优质的使用体验。传统组网方式采用完全不同的技术，各种技术彼此孤立，并且各有优劣势。例如，专线质量好，但价格昂贵且部署周期长；IPSec VPN 价格虽然低廉，但质量难以保证。因此，企业很难通过选择单一方案去兼顾所有的传输需求，而同时选择多种方案又可能面临资源浪费的问题。

SD-WAN 的出现其实不是为了完全替代传统的组网方式，而是为了更高效地整合利用它们，以取长补短，发挥各类组网方案的优势，并为企业提供符合实际需求的服务。在市场上，不论是运营商还是传统设备厂商、安全厂商、服务提供商，均宣称己方的 SD-WAN 方案能够快速、灵活地为企业构建安全私有网络，显著提升企业各站点间关键业务的传输效率，降低企业网络开支。降本提效成为 SD-WAN 服务商吸引客户的"利器"。利用技术能力使常规链路接近甚至等同专线的网络质量，根据网络现状及策略配置，自动选择最佳路径，实现负载均衡，以最大限度地利用链路资源，满足应用层的更高需求，已经成为 SD-WAN 服务商的共识。

1.3　云联接的本质

云联接是 SD-WAN 的形象化表述，既包含 SD-WAN 底层技术的丰富能力，也赋予未来广阔的虚拟计算世界人文关怀的温度，是展现未来网络形态的理念。云联接，即世间万物中无处不在的联系、联结、联动。云联接的本质也是 SD-WAN 的本质。而使 SD-WAN 区别于其他 WAN 的着眼点，就在于它多了 SD 的能力。

接下来将探讨，当我们在谈论"SD-WAN"时，它的"SD（软件定义）"究竟定义了什么？

1.3.1　软件定义路径（SD-Path）

云计算实现了计算与存储的虚拟化，SD-WAN 则实现了传输的虚拟化。在传统的广域网线路管理与运维过程中，必须将什么应用的数据通过什么线路传输提前规划，并在各网元进行相应的路由配置。若有新业务上线，或现有业务准备调整，则需在路由的每个环节都进行配置变更，信息技术部门一般会从路由、策略、安全性等多方面进行考量与设置，这些操作烦琐且影响范围不可控。尤其在当下，业务多样化带来的 SLA（Service Level Agreement，服务等级协议）多样化诉求，使得管理复杂度呈指数级上升。

相应地，SD-WAN 能通过将应用与传输链路解耦，实现基于应用要求的传输路径选择。用户关心的问题不再是"将某应用分配到某线路中"，而是"定义某应用所需的传输质量要求"，再由 SD-WAN 自主进行线路选择。例如，在实时视频会议场景中，由于视频会议对网络质量要求极高，需要时延小于100ms、丢包率低于2%的网络路径进行传输；而针对普通文件传输，只需要丢包率低于10%的路径即可。管理员只需定义好路径的质量要求，其余的都可以交给 SD-WAN。

路径的定义说起来简单，却涉及多方面技术。首先，需要建立 Overlay 资源层的逻辑网络，并将所有的流量导入 Overlay 资源层网络进行调度，这样能够避免更改基础路由设备繁杂的配置；其次，不论当前链路上是否有流量在传输，SD-WAN 设备都需要时刻测量站点之间各条链路的质量参数；最后，每当新的数据流量进入 SD-WAN 设备时，SD-WAN 设备应当能够自动识别出流量所对应的应用，以匹配相应的策略。在管理方面，策略是通过统一的控制平台制定并下发的。因此，运维人员不需要逐台登录到各个设备上进行配置，其操作简单且能有效控制单台设备逐一配置时可能产生的出错率。

1.3.2　软件定义功能（SD-Function）

类似手机从最初始的通话功能逐渐演变成集手机的通话功能、音乐功能（MP3 播放器）、拍摄功能（相机）、游戏娱乐功能（游戏机）等于一体的智能机，SD-WAN 集合了 VPN 组网、路由交换、防火墙、流量控制、上网行为管理等多种功能。"All-in-One"作为 SD-WAN 最让人心动的特征之一，很容易让人认为 SD-WAN 只是各个网络功能的"大杂烩"。

事实上，SD（软件定义）是将硬件能力更多地抽取出来，交给统一的软件进行控制管理，并不是直接让软件来替代硬件。除了功能的叠加可以使客户的 IT 成本显著降低，更重要的是，通过统一管理，原本单一的网络功能可以灵活地支撑不同场景的网络需求，同时减轻网络管理团队的运维负担。

1.3.3　软件定义服务（SD-Service）

SD-WAN 的展现形式体现在用户侧的、体系化的完整服务，帮助客户在合理控制成本的前提下满足其多样化、高品质的网络通信服务要求。就像在海底捞出现前，"餐饮业"在人们的认知中只包含简单的点菜、制作、用餐、付账几大基础环节，即使对服务的内容加以丰富，也不过是在洗手间的整洁程度、点菜自由度、用餐反馈等环节进行加强。直到海底捞出现后，人们才发现，在进入餐厅之前还有大量被忽略的需求，而在用餐过程、离店过程中亦是如此。每个环节中每一个细致入微的需求都被尽数发现且被妥善解决，重塑了餐饮业对"服务"的理解。SD-WAN 的服务也是如此。

　　SD-WAN 的服务也超越了传统设备维保的服务内容，服务范围跟随企业以及新业务需求不断延伸，囊括了从售前到实施，再到售后的全部环节，一般包含：需求分析、设备选型、方案拟定、系统实施、运维服务、咨询培训等。就像"世界上没有完全相同的两片叶子"一样，不同的客户，甚至同一客户不同分公司的网络架构与使用场景也有所不同。SD-WAN 服务商可以根据特定的需求匹配个性化的 SD-WAN 解决方案，并以服务的模式将产品价值输送给客户。在服务化的产品中，内容可以包括基础的带宽资源，也可以包括为客户特定业务需求制定的个性化资源配置等。

　　对企业而言，SD-WAN 服务的提供并不意味着企业对 IT 部门的要求有所松懈，而是解放 IT 部门的部分生产力，将大量前期工作从企业内部转移到厂商服务团队中，使企业可以将更多的精力聚焦在对网络整体架构的设计、对网络的综合评定等工作中，不需要过多地关注细枝末节的具体操作。

　　服务产品的优点是能使客户更加直接地感受到产品的能力，并享受服务带来的便捷性和高效性，同时可以满足个性化的需求。2021 年 10 月，中国信息通信研究院（简称"中国信通院"）发布团体标准 T/ZGTXXH 012—2021《软件定义广域网络（SD-WAN）2.0 服务质量要求》，从服务条款、服务部署、服务升级、服务维修、服务友好性、服务安全性等多方面入手进行说明规定，这也明确了"服务"在 SD-WAN 体系中的重要性，对 SD-WAN 服务要求进行了定义与规范。

1.4　云联接对未来的深远影响

　　可以说，现代社会已经离不开网络，网络承载着普通人的衣食住行需求，也承载着企业的生产发展信息，与各行各业都息息相关。在过去的几十年中，我们目睹了网络发展为社会带来的日新月异的变化，以及对人们生产、生活和社会活动方式的影响。我们相信，云联接作为一种灵活、敏捷和可扩展的网络技术，能够在未来对各方面产生深远的影响，这不仅体现在技术融合方面，更体现在技术能够为每一个个体、每一个家庭、企业、社会、国家带来的价值，以及这些价值对时代的影响。

　　未来的技术发展方向将是全生态的融合，云联接将以 SD-WAN 为底座，实现与 LAN 侧融合、云服务、信息安全、大数据、物联网、AI（人工智能）、5G 等技术的整合。有些是正在逐步发生的，有些则是可预见的。

1.4.1　软件定义分支（SD-Branch）

　　站在 SD-WAN 已有的设计思路和实践基础上，SD-WAN 的虚拟化和智能化全面扩展到分支机构的 IT 基础架构中，就诞生了 SD-Branch（即软件定义分支）的概念。SD-WAN 解决了总部与分支机构的连接问题，而 SD-Branch 则进一步将分支的所有功能进行虚拟化与服务化的提升改造。

　　与总部或数据中心相比，企业分支机构的 IT 人员较少，IT 管理能力较为薄弱。对于门店或分支机构众多的商贸连锁企业而言，多个分支机构甚至不得不"共享"一支 IT 团队。SD-Branch 能够很好地解决这个问题。SD-Branch 被定义为囊括 SD-WAN、路由、网络安全和 LAN/Wi-Fi 功能的集中式管理平台。因此，不论在分支机构扩张还是在日常管理过程中，SD-Branch 都能够对企业 IT 团队进行有效的"减负"。在新设分支机构时，IT 组织可以快速部署和配置一体化分支机构网络解决方案，而不必前往分支机构现场。通过集中式管理控制台，即使分支机构在不断调整，总部 IT 部门也能在日常运营和维护过程中监测和调整各分支机构的网络与安全功能，从而更迅速地响应分支机构的不同需求。因此，利用 SD-Branch 不仅可以精简分支机构的 IT 部门，而且可以降低分支机构的 IT 开销。

　　另外，从安全性方面来看，企业的分支机构比总部更容易受到网络攻击，这主要是因为分支机构中 IT 力量相对不强且网络安全性相对有限，也有可能是企业没有充足的 IT 预算为所有分支机构配备齐全的安全硬件设备。SD-Branch 继承 SD-WAN 的关键特性，将安全功能虚拟化，以此取代传统的功能固定的硬件设备。如此一来，总部能直接将统一的、规范的安全策略与安全功能下发至分支，使分支机构具有同等的安全能力。

　　分支机构的持续发展与扩张推动着 SD-Branch 从概念向市场化逐步演进。作为一个新生的术语和技术观点，目前它还没有获得与 SD-WAN 概念同等的普及程度和应用，但是由于它更加易于部署、对管理的专业性要求更低的特性，十分适用于如下场景。

- 分支机构新建与临时办事处设置。

- 主要分支机构升级更新。

- 分支机构精简或改造。

　　知名咨询机构 IDC 在 2022 年 1 月发布的其中一项预测就是"SD-WAN 融合 SD-Branch 与安全能力"。未来，SD-WAN 与 SD-Branch 有可能重塑企业分支机构 IT 构建与管理的流程，以更快、更好地响应企业业务发展需要。

1.4.2　SD-WAN+安全

　　除了基本的网络互通、广域网优化、流量调度等以网络为中心的功能，安全防护一直是 SD-WAN 服务管理蓝图中描绘的主要功能之一。自 2019 年"SASE（Secure Access Service Edge，安全访问服务边缘）"这一概念被 Gartner 首次提出以来，它在市场中便很快普及开来。作为 SD-WAN+安全的一种轻量化的展现形式，SASE 融合了网络技术与网络安全技术，通过云服务的方式将安全能力输送给企业用户，同时也为安全技术赋予了云服务开发、部署、管理过程所具有的敏捷性。SASE 使安全能力在"云化"的同时降低了传统安全防护的复杂性，减轻了企业 IT 资产成本与管理负担，并为企业提供了更完善的安全防护思路。

　　SASE 解决了分支机构部署安全设备时面临的投入成本过高、管控困难、无法全面覆盖移动办公场景、云上业务重要数据容易泄露等问题，主要适用于如下场景。

- 分支机构统一安全建设。

- 线上+线下、内部+移动一体化办公。

● 适应数字化建设的安全架构整体优化。

作为一项将网络与安全结合的全新架构，SASE 在未来能否成为主流仍未可知。目前市面上厂商的解决方案中，除支持 SASE 外，也有部分将安全能力叠加进 SD-WAN 边缘能力中的实践方法。不过，无论采用何种形式，SD-WAN 与安全的结合都势在必行。

关于 SD-WAN+安全，本书第 8 章将进行更加详细的阐述。

1.4.3　SD-WAN+AI

SD-WAN 与 AI（Artificial Intelligence，人工智能）的融合，使自动化能力在未来能够对企业 IT 建设、生产生活形态产生重要影响。自动化能力带来的便利性可以极大地推动信息技术在各个产业中应用的深度与广度。如今，AI 和机器学习逐渐变得常见，业界也有许多企业正在持续探究 SD-WAN 与 AI 的融合。

2018 年，缔安科技在中国 SD-WAN 峰会中发表了题为"AI 技术在 SD-WAN 架构中的应用"的演讲，该演讲从如何改进网络资源以提供更优的连接服务的角度，阐述了囊括采样（Sampling）、建模（Modeling）、执行（Executive）、验证（Validation）、校准（Calibration）五大模块的构建思路，展示了能自动判断网络时延、优化数据传输路线的技术方案。AI 的智慧能力为 SD-WAN 提供辅助（帮助 SD-WAN 实现自动化的路径选择与调优），甚至能够在未来进行大规模自动配置与问题探测，并在持续运行的过程中反复学习，以积累场景经验，更好地承载未来海量连接。

也有部分信息通信服务类企业从管理运维角度切入，利用人工智能技术实现对广域网、链路、应用，以及业务等层面各项特征的建模与分析。通过人工智能技术学习全链路数据，应用算法进行因果分析，同时通过计算推演优化网络路径规划，帮助企业用户对网络应用流量进行全方位分析，为企业优化网络架构，提供高质量的解决方案。

在传统的路由网络中，为确保路径正确，会涉及大量需要人工执行的手工配置。这种网络路径规划配置方式往往只会"事倍功半"，而且伴随着各类由人工操作导致的网络错误、计划外停机等问题的出现。针对传输效率本身，这种配置方式还存在着网络静态、僵化的问题，难以应对网络突发状况。因此，传统网络管控难且人工耗费高的问题成为许多企业不断尝试突破的难点。未来，与自动驾驶汽车依靠对道路规则的理解并使用 AI 做出无驾驶员决策的思路类似，由 AI 驱动的 SD-WAN 可以实现对所有网络情况的理解和分析，并使用 AI 做出与企业实际应用情况更为匹配的决策。此时，网络管理员则可以腾出时间专注于更高级别的任务，如企业业务的交付方式和质量管控，而不必陷入"如何运行"所涉及的大量烦琐细节中。

关于 SD-WAN 与 AI 的融合，本书第 9 章将进行更详细的描述。

1.4.4　SD-未来

在强大竞合关系加持下的 SD-WAN，未来也将进一步融合云服务、安全、大数据、物联网、AI、5G 等多种技术，使之越来越成熟和智能①。SD-WAN 在数字化建设过程中提供的技术能力保障与虚拟化能力加持，将对企业生产管理方式、社会发展前进状态、人类信息交流模式等多方面带来持续影响，甚至可能带来一场信息化的变革。软件定义的简洁性与敏捷性，为数字信息及时传达与交互奠定基础。

---

① 梅雅鑫. SD-WAN 方兴未艾，谁执牛耳?[J]. 通信世界，2021(14): 2. DOI:10.3969/j.issn. 1009-1564. 2021. 14.013.

第 2 章

基于 SD-WAN 的数字通信系统

数字通信系统，即在通过数字信号这一载体进行信息传播时所依赖的、由数字通信各模块或各部分彼此联系并相互作用所形成的具备数字通信功能的整体。目前广为人知的数字通信系统模型可以简单地划分为发送端、信道、接收端三大部分，再对其进行细分可拆分出信源、信源编码、信道编码、调制、信道（噪声）、解调、信道解码、信源解码、信宿（如图 2-1 所示），从而构成完整的信息传输路径。[①]

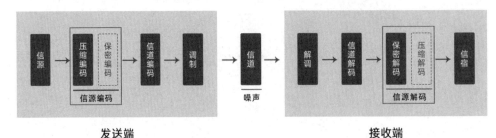

图 2-1 数字通信系统模型

在数字通信系统中，起到关键连接作用的便是"信道"。它是信息传输的媒介，

---

① 孙爱晶，党薇，吉利萍. 通信原理[M]. 北京：人民邮电出版社，2014:310.

是载体，是枢纽。它既可以是物理的通道，如电缆、光缆，也可以是无线的介质，如短波、超短波、微波、光波等。

广域网通信也离不开信道的支持；各类广域网中的传输技术，其作用对象也正是信道。SD-WAN 能够对广域网进行软件定义与灵活调整。换句话说，是 SD-WAN 掌握着数字通信系统的"命脉"——信道。与以往较为单一和封闭的传输模式相比，SD-WAN 建立了独立于物理层的逻辑信道，而逻辑信道的传输无关于底层的路由设置，因而它提供了更加开放的网络环境、更加灵活的配置手段、更加全面的管理维护方式。SD-WAN 为数字化能力的全面提升奠定了基础，推进各产业持续变革创新，以面向未来的信息化能力促进数字通信的稳定发展。

2.1　SD-WAN 的核心技术能力

从概念到落地，SD-WAN 的发展一直吸引着通信行业内参与者的目光，如今更可谓"家喻户晓"。在诸多文章的过度宣传之下，很容易让人认为 SD-WAN 是一种全新的技术和方案，是网络建设中的"万能法宝"。

不可否认的是，SD-WAN 确实有许多优于传统广域网方案的吸睛之处，不同的 SD-WAN 服务提供者对它的能力描述具有不同的侧重面，这反而容易让人眼花缭乱。因此，本节我们先回归本质，探讨 SD-WAN 的核心技术能力，使其区别于其他广域网建设方案的"钥匙"。

从字面意思看，SD-WAN 是将 SDN 中的 N（Network）替换为 WAN（Wide Area Network），因此很容易理解为什么人们认为 SD-WAN 是 SDN 在广域网的延伸。在前文中我们也提及过，使 SD-WAN 区别于其他 WAN 的着眼点，就在于它多了"SD"的能力。因此，对于 SD-WAN 的核心技术能力，我们同样可以从 SD 与 WAN 两方面展开。

2.1.1　软件定义能力：SD

当谈论 SD-WAN 时，不得不提到 SDN（软件定义网络）。SDN 是由美国斯坦福大学 Clean Slate 研究组提出的一种创新型网络系统框架，其核心理念是将网络设备的控制层面与数据层面解耦，使软件可以参与对网络的控制和管理，从而让网络传输的通道变得更加智能，能够灵活地适应上层业务需求。SDN 是一种网络虚拟化技术，通过统一接口调控和优化网络资源，使网络能快速适应不断变化的业务需求。SDN 架构一般分为基础架构层、控制层与应用层（如图 2-2 所示）。

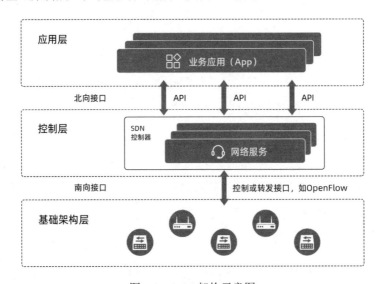

图 2-2　SDN 架构示意图

- 基础架构层（Infrastructure Layer）：这一层主要包括物理网络设备，如交换机、路由器、防火墙等。在传统网络架构中，这些设备通常负责数据的转发和处理，但在 SDN 中，它们只负责根据控制层的指令进行数据包的转发，而不再承担决策功能。基础架构层是 SDN 的基础，为控制层和应用层提供支持。
- 控制层（Control Layer）：控制层是 SDN 架构的关键部分，它包括一个或多个控制器。控制器是 SDN 网络的大脑，负责制定网络策略、配置路由、管理流量等。控制器通过与基础架构层中的网络设备通信，指导它们如何处理数据包和流量。在控制层中，还有一个重要的概念是网络操作系统（Network Operating System），它是控制器的核心组成部分，用于管理和控制整个网络。

- 应用层（Application Layer）：应用层建立在控制层之上，它包括各种网络应用和服务。这些应用可以是网络监控、负载均衡、安全策略实施、流量工程等。应用层利用控制层提供的网络状态和策略信息来实现各种功能，从而使网络更加灵活、可管理，以适应不同的应用需求。

可见，SD（软件定义）指将硬件的各项能力抽取出来，交给统一的软件控制和管理，并不是简单地让软件直接替代硬件。SD-WAN 将 SDN 技术应用于广域网场景，虽然相对于"网络"这一概念而言似乎将范围缩小了，但对广域网的关注使得企业在实际应用中更容易聚焦，更好地利用广域网中丰富的资源。企业通过软件定义的方式，可利用软件控制与管理本地网络，以及远程分支机构、数据中心、云之间的连接（如图 2-3 所示）。

图 2-3　源自 SDN 的 SD-WAN

SD（软件定义）通过抽象的方式，能够基于底层的基础链路创建上层网络，主动响应网络中的各种状况，并为每个数据包选择最优转发路径，具有灵活、极简、智能和开放等一系列优势特征。SD 的核心是"定义（Define）"，这体现在对网络的定义中。

SD-WAN 与 SDN 系统架构类似，同样可分为三层，分别是转发层、控制层、业务编排层。

- 转发层（Forwarding Layer）：转发层包括实际的网络设备，例如，SD-WAN 边缘设备。转发层的设备负责实际的数据包转发和流量处理。在转发层中，SD-WAN 设备会根据控制层的指示来对网络流量进行智能路由和优化，以提供更好的性能、可靠性和用户体验。

- 控制层（Control Layer）：控制层是 SD-WAN 架构的中心，它负责集中化的网络策略制定、流量控制和管理。控制层通常包括一个或多个控制器，这些控制器通过与转发层的设备进行通信，指导网络流量的路由、负载均衡和优化。控制层也负责监控网络状况，并根据需求调整策略以实现最佳性能。

- 业务编排层（Business Orchestration Layer）：业务编排层是 SD-WAN 架构中的高级部分，它用于配置、管理和优化特定的应用流量。在这一层中，管理员可以定义业务需求、优先级和策略，以确保关键应用获得所需的网络性能。业务编排层还可以自动根据应用需求对网络进行配置，从而简化网络管理和维护。

使 SD-WAN 与传统网络展现出明显不同特性的关键主要体现在业务编排层。SD-WAN 可以在整个网络空间上定义出不同的虚拟链路，并通过标签、优先级、QoS（Quality of Service，服务质量）等规则，采用可编程的方式创建、管理与分派这些链路。

不过，对于 SD-WAN 的定义，行业内并没有统一的标准。由于 SD-WAN 是由创新推动的基础底层技术，行业内的各分析咨询机构都有着不同的描述。表 2-1 中列举了业内普遍接受的几类定义。

表 2-1　SD-WAN 的不同定义

分析咨询机构	对 SD-WAN 的定义
Gartner（高德纳）	Gartner 明确定义了 SD-WAN 的如下基本特性。 ● 支持混合链路接入：如 MPLS、Internet、4G/5G/LTE 等 ● 支持动态链路调整，保障关键应用体验：如允许跨 WAN 连接进行负载分担或资源弹性 ● 管理和业务启用简单高效：如支持远程控制，零接触部署，操作简单、易用 ● 支持 VPN 和其他增值业务服务：如广域网优化、负载均衡、数据包复制、防火墙、安全网关等
IDC	SD-WAN 是一种架构，它利用至少两种或更多连接类型（如 MPLS、宽带互联网、3G/4G 等）的混合 WAN 的架构。SD-WAN 包括一个提供智能路径选择的基于应用程序的集中式策略控制器，以及一个可选的路由转发器
MEF	MEF（城域以太网论坛）在 MEF-70 中推出了 SD-WAN 的第一个标准化定义。标准中明确定义了 SD-WAN 组件、能力、行为，并为每个组件的接口定义了框架和 API 的服务规范
SDxCentral	SD-WAN 是将 SDN 技术应用到广域网场景中所形成的一种服务，这种服务用于连接广阔的地理范围的企业网络，包括企业的分支机构和数据中心

即使不同机构给出的 SD-WAN 定义有所不同，他们对 SD-WAN 应具备特征的认知依然保持一致。SD（软件定义）所带来的虚拟化、多样化和定制化的能力，确实能真正实现应用软件和硬件在现有基础设施资源上的深度整合。软件定义使用户能够切实感受到网络性能的提升，获得以往不曾体验过的兼具低成本与高效率的广域网布局服务。

2.1.2　集成和综合利用能力：WAN

SD-WAN 通过将 SDN 的概念应用于广域网，对网络流量管理和监控功能进行抽象化处理，并将其应用于各个具体的业务应用场景中。SD-WAN 动态地使用多种基础网络资源（如专线、Internet、4G/5G 等），为应用流量寻找最佳传输路径，从而避免有效抖动和丢包。通过监控每条 WAN 链路的状态，SD-WAN 能根据策略智能地引导流量，从而为企业提供优质的用户体验。

接下来简要阐述与 SD-WAN 相关的 WAN 技术。

1. 互联网

互联网是网络与网络之间串联形成的单一的、庞大的、覆盖全球的网络。互联网的出现是人类通信技术的一次革命，使人们能够不受空间限制且快速地进行信息交换。互联网使用一种专门的计算机语言（协议），以保证数据安全、可靠地到达指定的目的地，这种语言也就是我们常见的 TCP（Transmission Control Protocol，传输控制协议）/IP（Internet Protocol，网间协议）[1]。互联网是一种公共网络，价格低廉，但"公共"同时意味着"不安全"，并且它的技术基础是"尽力而为"式的分布式路由策略，无法提供基于流的端到端的质量保障。因此，访问互联网时，往往出现不稳定甚至连接中断的情况，这也是企业很少单纯地选择互联网作为企业 WAN 技术方案的主要原因。

2. IPSec VPN

互联网作为一种公共网络，虽然数据传输容易被拦截或被篡改，为企业带来损失，但很多企业仍然希望能以互联网为基础建立企业专用网络进行通信，毕竟互联网覆盖范围广且价格低廉。在这一需求的促动下，VPN 技术应运而生。其中，IPSec VPN（Internet Protocol Security，网际通信协议安全）逐渐成为应用最广泛的技术之一。

IPSec VPN 是采用 IPSec 协议来实现远程互联的一种 VPN 技术，可以基于公共互联网为两个私有网络建立通信通道，并通过加密通道来保证连接的安全[2]。IPSec VPN 引进了较为完整的安全防护机制，包括数据加密、认证和数据防篡改等，使得数据传输的安全性相比单纯的互联网连接有了很大提升。但 IPSec VPN 仍然是基于互联网建立的，因此，传输质量仍然容易受到互联网质量的影响，难以保证端到端的网络传输质量。

---

[1] 袁津生，吴砚农. 计算机网络安全基础[M]. 北京：人民邮电出版社，2018:361.

[2] 王笛，陈福玉. 基于 IPSec VPN 技术的应用与研究[J]. 电脑知识与技术：学术版，2020，16(11): 17-19.

3. MPLS VPN

建立在 IP 技术基础之上的 MPLS（Multi-Protocol Label Switching，多协议标签交换）是一种使用标签来指定数据转发路径的数据包转发技术，一般介于 OSI 模型的第二层（数据链路层）和第三层（网络层）网络之间。它可以支持多种网络层协议（如 IP、IPv6、IPX 等），且兼容多种链路层技术（如 ATM、帧中继、以太网、PPP 等）[①]，实现数据高速、高效地传输。MPLS VPN 属于第三代网络架构，是新一代的 IP 高速骨干网络交换标准。MPLS VPN 可以提供高度可靠的分组传送能力，能有效地避免数据包丢失，对于 IP 电话、视频会议、远程桌面等应用来说至关重要，尤其在当下，视频会议、远程桌面等逐渐成为企业跨地域、跨时区日常沟通、开展办公的必备工具，企业对 MPLS VPN 技术的依赖程度逐步加深。但是，与公共互联网相比，MPLS VPN 价格非常昂贵，这无形中成为企业试图采购 MPLS VPN 带宽时的障碍，高昂的价格也让许多中小微型企业望而却步。

4. 点对点专线

点对点专线一般指 SDH（Synchronous Digital Hierarchy，同步数字体系），支持路由选择功能，具有上下电路方便，维护、控制、网络监控能力强，标准统一、便于传输更高速率业务等优点。SDH 以太网数据专线是一种直接在传输网上进行数字信号传输的线路，可以为用户提供 2Mbps 及以上速率的数字专用电路。目前常见的专线是基于 SDH 平台的 MSTP（Multi- Service Transport Platform，多业务传送平台）专线，该专线不仅具备广泛的带宽适配能力，同时可以支持多种业务类型的传输，包括 PDH 业务、SDH 业务、ATM 业务，以及 IP、以太网业务等。点对点专线可组建点到点、点到多点，以及点到网的语音、数据及图像传输网络，质量在所有的广域网技术中最佳，价格也最高。因此，一般用于对实时传输要求非常严苛的大型企业关键业务场景。

---

① 叶婷. MPLS 中信令协议 CR-LDP 的设计与实现[D]. 武汉：华中科技大学，2005.

5. Hybrid WAN

Hybrid WAN（混合广域网）指同时采用多种 WAN 连接来承载流量的网络，通常采用 MPLS VPN 和互联网（VPN）的组合，较之单一的网络连接而言更具优势。毕竟，MPLS VPN 价格高昂，而 VPN 或互联网虽然可以帮助企业有效地节约成本，但在质量方面就大打折扣。Hybrid WAN 可以让企业将一部分对质量要求相对更低的流量分流至基于互联网的线路中，同时对需要传输质量及安全性保障的流量给予 MPLS VPN 网络保障。

由于 Hybrid WAN 集成了多种 WAN 连接方式，而 SD-WAN 在其基础上添加了 Software-Defined 的概念（如集中控制、控制与转发分离、智能分析、网络编排及动态创建网络服务等）。所以，业内有些机构如 InfoVista，也将 Hybrid WAN 认为是迈向 SD-WAN 的一个重要步骤[①]。

6. WAN 优化

WAN 优化（WAN Optimization，广域网优化）是通过优化技术（如 TCP 协议优化、应用层加速、数据削减、数据缓存、应用控制与管理等）基于已有的 WAN 线路提供更高、更快、更稳定的数据访问连接，提高企业数据互联性能并降低成本，为业务发展提供与发展要求相匹配的可靠性和访问效率。WAN 优化关注的是网络数据包如何更有效地在已有线路上传输，而 SD-WAN 关注的是如何通过灵活的线路组合达到更贴合用户实际需求的高性能传输效果。SD-WAN 可以配合 WAN 优化使用，从而在一定程度上减轻互联网拥塞，或由于在长距离传输过程中高时延、高丢包率引发的影响。

WAN 边缘路由器是使内部网络能够连接到外部网络的、位于网络边界的专用路由器。随着 SD-WAN 的不断发展，以及所含硬件功能的扩充，SD-WAN 能够切实增强 WAN 边缘路由功能，并在将来取代传统边缘路由器设备。在运用 SD-WAN 时，网络边缘将不需要另外部署专用的边缘路由器设备。SD-WAN 兼顾了"SD"的优势与

---

① SDxCentral Studios. What Is Hybrid WAN and Why Does it Matter? [EB/OL]. [2017-02-09].

"WAN"的优化技术，具备集中策略监督、编排、WAN 连接虚拟化、动态管理流量等功能。随着 SD-WAN 技术的演进，WAN 链路、LAN 与 WAN 的集中管理和控制、SD-WAN 开放生态、多云连接及安全等方面都将得到进一步发展。

2.2　云联接的实际应用场景

云联接作为源自 SD-WAN 的概念，可应用于诸多广域网场景。换句话说，只要涉及广域网，就可以应用云联接。本书的第 1 章已经初步阐述了云联接的本质与能力，以及它在许多不同的应用场景中都能发挥重要作用，可以提供针对网络更便捷、安全的构架方式。

接下来我们将选取几个典型的通用应用场景进行介绍。

2.2.1　互联互通

广域网的作用就是连接在不同地点的局域网或数据中心。因此，作为一种广域网技术，云联接应用最为普遍的场景之一就是互联互通。

1. 企业总部与分支机构 SD-WAN 互联

随着数字化转型推动业务高速发展，企业如何快速获得经营数据、快速分析数据、快速响应变化和快速调整战略方向，以提高行业竞争力等几乎成为所有企业面临的关键挑战。因此，企业对现有数字通信系统能力的提升、对数字通信系统的改造迫在眉睫。特别对于诸如物流、零售连锁、餐饮、咨询等行业的企业而言，由于行业属性，企业往往在全国甚至全球范围内架设分支机构。如何对广泛分布的分支机构进行 IT 资产统一管理、确保网络的稳定性和安全性、简化运维、节省成本，并提升分支机构的信息流动性、提高响应速度，成为传统网络架构面临的诸多问题。由于传统网络架构较为固定、难以灵活伸缩、需要专业的 IT 人员运维，所以，传统网络在面对大量分支机构互联时提出的快速部署、灵活扩缩、简化运维、可视可控等要求时，难免显得"力不从心"。

与此同时，SD-WAN 技术的应用价值得以呈现。作为组网服务的实际应用场景之一，总部与分支互联以及多分支互联的需求为云联接开辟出一片用武之地。利用云联接，可以迅速应对上述组网挑战，实现网络质量保障、成本压缩控制、安全防护增强、响应效率提升之间的动态平衡。云联接尤其适用于企业的分支之间、分支与总部之间、分支与数据中心之间、总部与数据中心之间的网络互联，视企业实际情况，为企业提供"量身定制"的广域网互联方案，以网络的坚实基础承载企业海量的业务数据。

2. 大型企业网络 SD-WAN 互联

与一般的总部和分支互联不同的是，大型企业网络之间的互联对带宽、网络质量及网络服务保障有更高的要求，通常采用 MSTP、MPLS VPN 等专线线路进行网络连接，例如，数据中心与灾备中心、重点企业分支与总部之间的互联。这些线路由于是专网专用，所以网络品质能够得到保障，并能以更佳的网络质量助力企业更好地开展业务。

然而，在相同带宽下，专线的费用往往是互联网线路的几倍甚至几十倍不等，特别是近年来，伴随企业业务高速发展对带宽需求的持续增加，网络成本也越来越高。在确保关键应用的可用性和稳定性、确保网络服务质量，以及网络的冗余性的基础上，有效控制广域网的投入成本成为该类企业的内生需求。

云联接能够帮助企业在多个大型网络之间建立灵活、高速、稳定和成本可控的互联网络。通过多 WAN 接入与流量调度，实现线路的负载均衡和高可用多链路冗余，保障企业关键应用的 SLA 的同时，最大化链路资源利用率，使大型企业无须年复一年进行带宽扩容，从而满足大型企业控制广域网成本的需求。

2.2.2 优化传输

在全球信息化快速发展的大背景下，跨国互联互通已经成为常态。全球化的发展也提升了云计算、大数据、AR/VR 应用等高新技术的发展速度，促进企业业务朝国际化、多元化方向发展。在这一过程中，不同行业的创新型业务，诸如商贸行业的线上支付、医疗行业的远程诊疗、金融行业的智能柜台等，对网络提出了更高的要求。多种实时应用需要在多个网络节点间传递，网络中断、访问卡顿、访问速度慢等问题将会导致最终用户的不满，对业务开展造成负面影响。云联接的传输优化能力使企业即使在使用互联网时，仍然能够在极大程度上改善数据的传输质量，满足这些应用及时性和实时性的相关要求。

云联接在企业现有物理广域网链路的基础上，通过软件优化技术来提高虚拟广域网的数据传输效率。根据虚拟广域网上每条链路的带宽和拥塞状况，动态决定数据包的传输路由，保证传输的可靠性和稳定性。

此外，云联接支持多种广域网优化技术，如使用前向纠错和分组顺序校正等技术来降低传输延迟，减少数据丢包现象，增加容错性；通过协议优化、数据压缩等方式提高传输性能，确保企业在互联传输过程中获得数据无损的优质体验。

2.2.3　智能选路

企业内部业务类型多样，对网络传输的要求各有不同。在多 WAN 接入的基础上，更重要的是在多条 WAN 链路之间，根据每一种业务类型为其匹配最"对"的链路。注意，最"对"并不意味着速度最快或质量最好，由于企业的网络资源有限，若未加区分，将非核心业务数据使用优质线路传输，无疑会挤占核心业务的传输带宽。最"对"意味着为业务匹配最合适的链路，根据业务优先级，按照由高到低、由主到次的层级分别为不同业务匹配最贴合传输需求的链路，确保每条链路的效能都可以得到最大化的发挥。云联接通过智能的分析判断，实时进行链路质量探测，并为不同业务自动匹配最合适的传输链路。智能选路可以最大化发挥企业基础广域网资源的价值。

2.2.4　平台管理

云联接管控平台为企业提供了一套整体的、可视的、高效的网络管理界面，使原本抽象的网络架构得以完整呈现。基于运营商级别标准开发的管控平台协助企业简化分支机构、数据中心、云之间的网络服务部署及管理，为企业提供覆盖云、传输链路、终端（简称为云、管、端）的一体化服务，进一步对企业网络管理赋能，使企业网络管理团队获得对用户、设备、应用程序、网络的全面掌控能力，简化对庞大分支机构的运维方式，降低整体运维成本，最大化压缩故障处理时间，促使企业运维向高效化、精简化进一步迈进。

云联接管控平台提供可视化编排、集中监控、精准 QoS 保障等企业网络管理所需的关键能力，协助企业缓解由繁杂且不断扩张的网络结构所造成的日常运维压力，推动企业更加平稳地进行数字化转型升级，满足企业业务发展需要。整体的平台可视化能力，也正是 SD-WAN 相较其他网络技术尤为突出的优势之一。

2.3 云联接的具象展现

云联接对 SD-WAN 技术理念进行了具象化的呈现。从整体来看，云联接主要包含三大组件：边缘云网关、智能管控平台（包括云联接控制器与云联接编排器）及云联接平台。

其中，边缘云网关可以通过硬件或软件方式部署在企业总部、数据中心、公有云、私有云、分支机构或其他需要网络接入的站点。硬件方式指利用硬件直接部署，软件方式指以软件形式部署于用户提供的物理设备或虚拟机（Virtual Machine）中，对现有的物理广域网功能进行替代或补充，也可提供其他虚拟网络功能（VNF）服务。

智能管控平台实现网络集中化部署、管理、调度，是策略统一下发、网络实时运行情况展示与监控的窗口，帮助企业简化广域网的管理与维护，实现对复杂网络架构的简易运维，降低运维成本。

云联接平台由分布于全球的 PoP 节点组成，节点之间使用高质量网络资源互联，以大量节点资源构筑的网络"硬实力"提升传输速率。

一般来说，边缘云网关与智能管控平台是云联接不可或缺的组件，云联接平台则是可选的，可根据不同应用场景自主选择是否启用及启用规模。

2.3.1　边缘云网关

无论是硬件还是软件的边缘云网关，都作为承载 SD-WAN 功能的载体，担负数据传输、安全防护两项重要责任。边缘云网关常部署于企业总部、数据中心、分支机构、云端，为企业的总部与分支、数据中心与分支、数据中心与数据中心、分支与分支、分支与云端等之间的数据提供虚拟传输隧道，并对数据安全加以防护。边缘云网关支持多 WAN 链路（如 Internet、4G/5G/LTE、MPLS VPN、MSTP 等）接入，以便与其他边缘云网关互联。

边缘云网关之间的互联为企业的网络提供了弹性应急空间。如当遇到某个网络出口出现故障的紧急情况时，通过边缘云网关内置的智能路径选择功能，可以立刻将数据流"绕行"，切换到其他正常出口的线路中，确保将应用服务受到网络故障的影响降到最低，甚至直接规避故障造成的影响，从而为业务访问提供良好的 SLA 保障，防止出现"单点断，则全网断"的情况。

此外，边缘云网关支持 ZTP（Zero Touch Provisioning，零接触）部署，从而使网络设备配置模式简单化、轻量化。即使没有专业的 IT 人员到场，收到设备的人员（如超市理货员、银行大堂经理、文员、教师……）也可以完成部署，真正消除用户上线设备时可能产生的学习成本，大幅缩短设备上线时间，并以快速开通用户业务为先。对于零接触部署，读者在本书 3.1.2 节可以更详细地看到它在实际应用场景中发挥的巨大价值。

在安全保障方面，边缘云网关支持多种类型的防护措施（如防火墙、防 DDoS、防病毒等），通过数据加密传输（如国家商用密码算法）、终端准入认证、权限集中管控、DPI（Deep Packet Inspection，深度报文检测）、入侵防御、网页过滤、沙箱等技术，消除在传输过程中可能出现的窥探、篡改威胁，保证信息和数据的安全性。可以说，边缘云网关是基于 SD-WAN 的数字通信系统的"准入/准出证"。

2.3.2 智能管控平台

智能管控平台赋予企业对自身网络架构更加直观、全面的洞察力，以及更便捷的控制力。智能管控平台具备对边缘云网关的全局视图展示功能，实现对设备状态的实时采集和告警、对网络质量的即时监测与质量呈现、对网络链路状态的统计与展示。在控制方面，智能管控平台支持对网络编排以及安全编排的集中管理，网络策略的实时下发和执行，使网络管理者能够以统一的界面进行操作与远程配置，对逐一上线的边缘云网关快速完成开局部署。

另外，由于智能管控平台使原本抽象的网络以具象的图谱、表单、统计图等方式直观地呈现，企业可以对 WAN 链路进行细致监测，定期对网络进行"一键巡检"，提供整体健康状况评估。这极大地简化了网络运维工作，为运维人员提供了优质的使用体验。

2.3.3 云联接平台

云联接平台在跨地域、跨国、跨运营商等传输场景中，强化了数字通信系统中信道的能力，拓展了信道的边界，能够为传输质量带来非一般的提升。云联接平台由分布于全球的 PoP 节点组成，基于遍布全球的丰富资源，构筑一个稳定、可靠、弹性的云平台，实现企业总部、分支机构、数据中心、公有云、私有云等之间的内网稳定互联或企业对云上应用的高速访问。

PoP 节点一般部署在数据中心或云端，接入高质量线路资源（通常为专线）。通过各个节点的连接，构筑一张覆盖全球的"信息高速公路网"，为各个边缘云网关提供就近接入点。云平台伸缩性强，能够通过虚拟技术实现资源的灵活增减，为系统的可伸缩性赋能。云平台还为企业提供更高的可用性，以各节点间的互通有效弭除单节点失效可能造成的影响，在进一步提升资源利用效率的同时，保障应用——特别是如音/视频通信等对实时性要求极高的应用——的使用体验。

　　接下来，我们将详细阐述云联接各组件如何协同工作，在不同行业中满足多场景的应用需求，为各行业提供稳定、可靠的网络连接环境，并为最终用户提供优质的服务体验。

云联接助力金融行业科技飞跃

近年来，大数据、云计算、人工智能、区块链等高新技术的发展突飞猛进，金融行业技术架构中的基础组件正在发生深刻的变化。这种转变使得传统金融领域界限愈加模糊，驱动传统金融业务与互联网技术融合，实现资源配置优化与技术创新，形成新的金融生态、金融服务模式与金融产品[①]。

金融行业一般包括银行、保险、证券等细分行业，也是数字化转型的重点行业。行业新业务模式的开拓、技术的革新为网络平台的发展带来新的挑战，促使网络平台逐步向扁平化、可视化、简洁化的方向发展，以满足与日俱增的信息传输需要，更高效地为数据提供可信基座。

SD-WAN 也逐渐在各类金融机构中占据一席之地。自 2020 年起，国内各类金融机构都开始积极推进各级网络的 SD-WAN 升级计划。总体来看，金融机构对网络的SD-WAN 演进已达成共识。当前，SD-WAN 已进入快速发展阶段，以业务和需求为导

---

① 招银前海金融团队，王朝阳等. 新金融重构传统金融，地方金交所成为新主角 [EB/OL]. [2017-04-21].

向，融合多种 ICT 创新技术，并已成为金融行业构建创新网络架构、实现数字化转型升级的有力手段[①]。

3.1　亟须进行科技变革的商业银行

近年来，银行业不断推进金融业务创新，对内完善信息化系统建设，上线视频会议、OA（Office Automation，办公自动化）等系统，对外则开展"自助开户""手机银行"等线上金融业务，为客户提供更丰富、更便利的金融服务，尤其对于商业银行中的城市商业银行而言，其面向的客户群体更为集中且颇具地域特色，对本地的客户群具有提供更加及时、到位的服务的潜力，并且能够更有效地为企业提供支持，为地方经济发展"铺路搭桥"。但是在网络结构方面，随着数据传输要求的提高，传统广域网中的不少"短板"逐渐暴露，并掣肘商业银行业务创新的发展。商业银行亟须进行科技变革，对信息系统架构进行改造提升，以更加优质、可靠的信息系统为业务创新发展赋能。

经过在行业中的详细研究与实践，我们认为对于传统广域网中可能存在的部分制约大致可分为如下几类。

- 广域网链路资源利用率整体偏低，无法对资源使用进行灵活调整。
- 广域网线路布放周期长，无形中增添了带宽扩展的难度。
- 传统路由技术收敛时间较长，业务恢复较慢。
- 网络设备种类繁多且配置较为复杂，变更时造成的影响面更大。
- 网络管理方式相对低效，后期运维及管理难度更大。

SD-WAN 作为一种新兴的广域网技术，能够有效地解决传统广域网中可能存在的上述难题。它在面对多种线路资源时展现的调度灵活性、在带宽扩展及收缩时展现的

---

① 中国信通院算网融合产业及标准推进委员会. SD-WAN 2.0 金融行业应用发展白皮书（2022 年）[R].
2023.

高效性与简易性、在网络平台收敛方面展现的敏捷性、在网络设备运用方面展现的融合性与精简性，以及在网络管理方面展现的可操作性与全面性，均使它逐渐成为城市商业银行信息系统变革的中坚力量。

3.1.1　赋能业务创新发展

回顾 SD-WAN 技术的发展历程不难看出，SD-WAN 自 2014 年被正式提出后便迅速"蹿红"，目前它已成为企业网络优化、网络构建中最看重的选项之一的 SD-WAN 技术本身，也正是因为它能够为企业带来更多的价值与便利才被业界广泛接纳并认可。云联接则能从业务视角出发，对现有银行网络架构进行革新，使商业银行能够以更加完善的网络和更加稳定的传输能力，开拓多样化的金融服务业务。

1. 转、控解耦更敏捷

事实上，大量的商业银行在经年累月的发展过程中，为应对业务需求和监管要求，已在网络基础架构之上添加了各类安全、审计、代理等设备，虽然网络结构稍显复杂，但整体网络基础已经较为完备。在常见的总—分—支三级结构中，各级结构之间往往采用双专线相连，根据线路使用场景区分两条线路，并使两条线路互为主备，且多采用动态路由协议来实现路由选路和冗余。

不过，也正是由于复杂的结构和线路的分配方式，使得当前商业银行面临网络运维压力较大、日常变更影响范围较广的问题。另外，两条线路的流量分析和调度的能力也相对不够灵活。整体网络架构展现出"完备但不完善"的特点。网络能力与硬件紧密绑定，网络扩张受到架构的限制，调整和变更较为困难。

云联接继承 SDN 摒弃传统网络紧耦合状态的设计理念，首先从流量架构模型上将改造后的网络分为两层，分别为物理网络（Underlay）和逻辑网络（Overlay）。Underlay 为改造前通过路由、交换、安全等设备搭建的底层基础平台，Overlay 则为云联接设备加入后建设的上层流控平台。利用 SD-WAN 边缘云网关将业务流量导入 Overlay 后，即可在 Overlay 平面内实现流量调度、QoS、ACL（Access Control List，访问控制列表）、应用加速等功能，以对传输进行优化，无须顾虑 Underlay 中大量复杂的配置，实现转发和控制的解耦。

当网络中有新增线路资源（专线、互联网或 5G）加入时，传统网络必定会涉及路由调整，而任何路由调整都将使新线路的加入演变成一次彻底的网络变更，导致调整难度和风险激增。但云联接可以直接将广域网中的新资源叠加入原有资源池中，无须对原有路由策略进行任何修改或重分布，实现无缝扩容。

综上所述，转、控解耦的特点赋予云联接敏捷灵活的特性，并且这一特性在商业银行的网络优化建设过程中得到了实际的应用。

2. 全冗余更可靠

云联接的转、控解耦使得网络策略的制定更加轻松便捷，因此，能充分考虑各种故障场景下的冗余方案，实现全拓扑内任意线路中断或任意设备故障，均能在五秒内切换至备用线路，自动恢复业务的正常访问。在整个网络中，只要还有一条线路存活，就能保障业务的连续性，无须人工干预。

3. 流量调度更灵活

云联接的全冗余依靠流量的自动调度，但作为云联接的核心能力之一，流量调度的意义却不仅限于此。全冗余解决了业务是否能访问的问题，那么接下来需要进一步解决如何更好地访问业务的问题，这也是云联接能协助银行网络效能提升的关键因素，它的核心在于解决两个问题：

- 调度什么应用的流量？
- 如何调度该应用的流量？

大部分网络路由器虽然能够支持基于源 IP、目的 IP、源端口、目的端口、传输协议的五元组识别应用种类，但银行内各种应用程序纷繁复杂，其中有些甚至可以追溯到 20 多年前，并且大量应用程序已经历经多年的迭代更新，即使银行内经验最为丰富的 IT 部门主管，可能都难以整理出一份详尽的应用列表。

在大量过往项目中，云联接在协助银行进行流量调度、为不同应用分配相应的网络资源方面展现出其独有的深入性与全面性。通过将 SD-WAN 边缘云网关透明地串接至已有专线中并启用流量分析功能，即可实现对流经网关的各类传输协议的流量的实时了解与全面分析。经过 1～2 周的运行，运维团队将通过流量分析结果清晰掌握各类流量的情况（如图 3-1 所示），进而形成初步的流量调度策略，为不同的应用定义不同的优先级，进而匹配相应的网络资源。

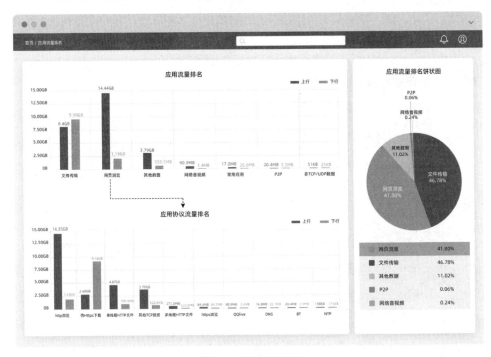

图 3-1　流量分析图

不仅如此，由于透明的串接方式无须对银行现网中网络架构、设备配置等进行调整，所以，网络优化的启动门槛更低、受限更少。而在既定规则基础之上，云联接持续实时探测业务流量、链路质量，确保当前线路出现拥塞或中断时，能将应用无缝调度至其他符合应用传输要求的线路上，不影响业务的正常访问（如图 3-2 所示），实现在既有线路基础上的效能翻倍。

图 3-2　流量切换示意图

4. 通过削减重复流量释放网络潜能

在银行的数据传输场景中，存在着大量由补丁下发、版本更新、邮件收发、文件下载等操作导致的重复流量。这些流量会占用大量带宽，非常容易导致线路拥塞。

云联接所包含的重复流量削减技术可以帮助银行大幅提升有效带宽，极大地缓解线路拥塞问题。通常情况下，SD-WAN 边缘云网关对传输中的流和数据进行分段并建立索引，接着将已经建立索引的流信息段和磁盘中的信息进行对比，从而使得已经传输过的信息不会通过广域网重复传输，而只发送与之匹配的"小"的索引来替代（如图 3-3 所示）。这个过程以极小的索引替代相对大的数据，因此提高了应用在广域网中的性能，有效地降低了带宽压力。

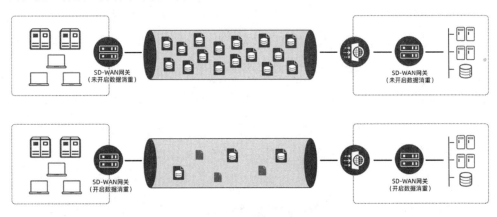

图 3-3　重复流量削减示意图

SD-WAN 作为席卷行业的新一代网络创新技术，已经成为企业网络改造中的重要选项。其摒弃了传统广域网的紧耦合状态，使底层网络对上层调度的支撑更加迅速、敏捷，能深入挖掘基础资源潜力，帮助商业银行平滑地构建业务体验更佳、链路效率更优的全场景安全互联服务。作为具象化 SD-WAN 的云联接，也将为商业银行开展多种形态的业务，并进一步向最终用户的应用场景贴近，提供源源不断的助推力。

3.1.2 真正意义上的"零接触"

对于金融企业，特别是分支机构众多的商业银行而言，SD-WAN 改造似乎意味着对整个网络的颠覆性调整。企业依据既有网络部署管理的经验，常认为 SD-WAN 改造需对正在使用的网络中的每一个细分节点都逐一进行设置调整与修改验证，可能导致未知风险的引入并造成工作量的大幅上涨。这种理解方式也间接造成了大量商业银行虽然迫切希望尝试 SD-WAN，但迟迟无法下定决心开展改造行动的局面。

为了打消用户的疑虑，许多厂商在宣传中会提出"SD-WAN 网关设备支持零接触部署"的口号，强调用户的网络管理员不需要出差至远程站点，只需将预配置好的网关邮寄给用户，网络管理员在厂商协助下完成配置的远程下发，即可完成配置部署。常见的零接触部署一般包含邮件开局、U 盘开局、网管开局等部署方式。

在实际开展项目时，这种"零接触"部署方式的弊端便逐渐显露出来——这种方式仅仅帮助厂商节省了人力和差旅成本，对于银行的各分支机构而言，仍然需要具备一定经验的 IT 人员对网络走线进行或多或少的调整，并修改路由器、交换机等配置。事实上，对于用户来说，这种"零接触"部署所带来的工作量仍然十分庞大，并没有真正将用户的精力解放出来。

为了避免SD-WAN上线造成用户的IT人员工作量的大幅提升，也为了使SD-WAN上线的整体过程更加流畅、高效，云联接提出了用户友好的 SD-WAN 零接触部署理念：通过尽可能小地对用户原网络结构、网络配置进行改动，甚至不进行改动，将 SD-WAN 边缘云网关在客户侧部署上线。这一理念也意味着将用户方所需要面临的配置部署工作完全转移到厂商侧，对 SD-WAN 的技术能力提出了更高的要求。不过，大量的试点项目证实了市场对云联接零接触理念的认可程度——用户从 SD-WAN 上线带来的烦琐配置调整中解脱出来，深切体会到 SD-WAN 带来的价值，见证了

SD-WAN 对网络稳定性和安全性的贡献，打消了以往的各种顾虑。"零接触"部署主要涉及以下两方面技术特点。

1. 无 IP 透明部署

无 IP 透明部署是实现云联接零接触部署的关键之一。这一部署方式指 SD-WAN 边缘云网关直接通过串接的方式叠加在用户的原有网络中，无须额外划分网段，也无须额外分配 IP 地址，即可实现设备上线。

无 IP 透明部署的部署模式将部署过程中用户所需进行的操作步骤极大地缩减了，用户甚至无须进行任何操作。在用户对于自身网络不甚了解或者管控权限在企业总部、分支端需经由总部统一下发配置的场景中，无 IP 透明部署的实用性极高，能协助用户感受"零配置上线"带来的各种便利。

2. Bypass 能力

虽然设备厂商常宣称其产品具备足够强的稳定性，但是在实际的应用场景中，在网络架构内新增设备还是会带来一定的风险。不过，在云联接透明部署的场景下，由于边缘云网关对软件或硬件的 Bypass 支持，使用户不必为新增设备所可能引发的风险过度担忧。当设备断电或发生故障时，会立即触发 Bypass 状态，让网络不再通过边缘云网关，而是直接在物理上形成一条通路。

当设备处于 Bypass 状态时，虽然不再具备流量调度能力，却仍能保证网络链路畅通，确保用户的业务可以正常进行。故障级别由"严重故障"降至"一般故障"，也为 IT 人员提供了充裕的时间进行故障排查与修复。在排查与修复故障的过程中，网络依然能保持畅通，业务如常运行。

3.2 拥抱创新技术的大型国有银行

金融科技创新在银行业的发展中一直扮演着十分重要的角色，被公认为是推动银行业可持续发展的不竭动力，是提高银行业竞争力的根本途径。我国在加入 WTO 后，资金实力雄厚、经营机制灵活、管理水平先进的外资银行，凭借自身优势逐渐扩张业务范围，势必对我国的银行业产生巨大影响[①]。

大型国有银行是我国银行体系的主体，对我国经济与金融的发展起着举足轻重的作用。我国银行业的发展遇到了来自国内经济市场化和国际金融运行体系的双重压力，同时经历着由传统经营模式走向现代化管理的转换与提升。为了出路，国有银行对金融科技创新的要求也越来越强烈。实践证明，为了构筑更高的竞争壁垒，大型国有银行必须在金融科技创新方面持续加大投入，通过金融科技创新巩固自身实力，提升产品、技术、服务等全方位的竞争能力，以期在国内及海外市场竞争中"百战百胜"。

也正因如此，作为探索金融科技创新的排头兵，很多大型国有银行已经在互联网或业务网区引入 SD-WAN 等创新技术，提升整网能力。

3.2.1 互联网线路统一纳管

大型国有银行在全国有成百上千个分行或支行，通常，每个分支除了访问内部系统开展业务的需求，也都有访问互联网的需求。这时，访问互联网的每个分支就可能成为被攻击的一个点。由于分支点众多，如果每个分支都像总部一样配置防火墙、上网行为管理、IDS（Intrusion Detection System，入侵检测系统）、IPS（Intrusion Prevention System，入侵防御系统）等设备或系统，对互联网出口进行强防护保障，将会导致成本呈指数级增加，且为 IT 运维带来极大的压力，从整体看，可实施性较差。因此，每个分支都可能成为银行网络安全的薄弱点。

为了应对分支机构在访问互联网时安全性难以得到完整保障的难题，一种常见的方案是将各个分支机构互联网出口统一归集，使常态下的各个分支机构互联网的出口全部收拢到银行总部，由总部的一个或几个有限的出口作为互联网访问的统一出口，再将其他分支节点已有的互联网出口关闭。这样，就可以确保各个分支机构的互联网

---

① 李海英. 我国商业银行金融业务创新研究[D]. 哈尔滨：哈尔滨工程大学，2007.

流量均经由总部统一进行安全审计，既使银行总部获得对大量分支机构的互联网访问的把控能力，又避免了对单个点位逐一改造可能带来的巨大的成本压力。

1. 专线与 SD-WAN 归集方案对比

实际上，很多银行在地市范围内已经在逐步开展互联网归集的实践。下面就是某大型国有银行的地市分支互联网归集案例。

由于跨域专线费用高昂，该银行采用三级树形结构，支行通过本地 MSTP 专线汇聚至所属分行后，分行通过跨域 MSTP 专线汇聚至总行。单从网络架构层面来说，该银行各级通过 MSTP 线路形成一张省内的跨区域组网，"总—分—支"的树形结构层次分明，所有流量到达总部之后，先经过上网行为管理和审计，之后再通过统一互联网访问出口获取访问资源。在这样的网络架构中，对网络访问的统一归集能够满足互联网区的基本安全要求。但是在实际应用的过程中，银行网络依然面临着诸多问题。

- 带宽瓶颈：由于 MSTP 线路价格高昂，各县支行拉取专线带宽极低，作为中间汇聚点的各地市成为带宽瓶颈，总部和各地市之间经常出现线路拥塞。

- 单点故障：树形结构的最大弊端就在于总部和分行之间的专线一旦出现故障，就会导致分行及所下辖支行的网络大面积瘫痪，影响面极广。

- 管理困难：专线没有面向客户的统一管理运维平台，全省上百家分支机构需要大量人力运维，并且只能等待报修故障后被动处理，其管理工作量大。

在原专线服务即将到期时，该银行希望寻求更优的互联网归集解决方案。最后历时三个多月，从功能维度、稳定维度、安全维度、运维维度、性价比等多方面充分调研和详细测试评估了各项解决方案，最终选择了互联网结合云联接来替代原专线服务，从而针对性地解决了上述问题。

- 带宽瓶颈→大带宽：利用互联网大带宽的特性，将分行与支行统一扁平化与总部互联，消除带宽瓶颈。

- 单点故障→线路备份：扁平化的结构从根本上避免了单点故障造成大范围网络瘫痪的情况，同时利用互联网与 4G 线路形成互备，并通过云联接实现灵活的流量调度。

- 管理困难→统一运维：全省所有的 SD-WAN 边缘云网关注册至智能管控平台，从全局到个体设备分层次展现系统的运行状态，化被动运维为主动管控。

更重要的是，云联接方案部署配置简单，平均每天即可完成 3～4 个分支的实施。在实施过程中恰逢其中某地市的专线因道路施工被挖断，造成该地市及下辖县区支行的互联网访问中断。实施团队迅速调整实施计划，将上线时间提前至当天，一天内快速恢复了互联网访问。可以预见的是，如果没有实施云联接，那么从报修故障到专线修复，至少需要数天，这将会对银行内业务造成极大影响。

2. 多种传输方案

使用云联接将互联网访问流量从分支传输到总部共有三个方案，适用于不同的场景。

第一种是全互联网直连方案，如图 3-4 所示。

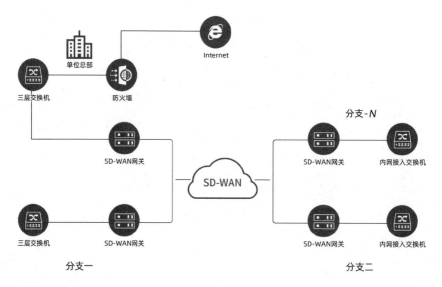

图 3-4　全互联网直连方案示意图

全互联网直连方案是指所有分支和总部直接基于互联网，建立安全隧道，一般适合省内互联场景。这种方式最节省成本，但有可能受到互联网质量的影响，需要辅助广域网优化功能来保障传输质量。后文我们将详细阐述相关内容。

第二种是全 PoP 互联方案，如图 3-5 所示。

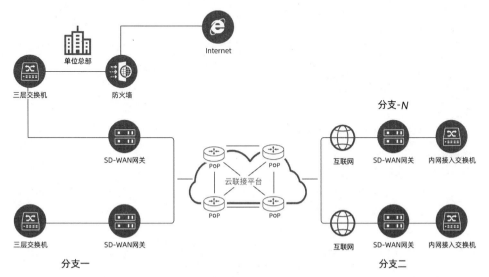

图 3-5　全 PoP 互联方案示意图

全 PoP 互联方案是指所有的分支就近接入云联接平台的 PoP 点（包括总部），所有的 PoP 点之间使用专线互联。这种方式的成本相对较高，但对传输质量有最高程度的保障。

第三种是分级 PoP 互联方案，如图 3-6 所示。

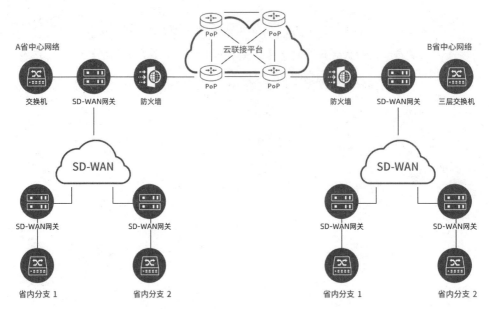

图 3-6　分级 PoP 互联方案示意图

当企业分支众多，遍布全国，并且分支采用分级管理的时候，可以结合第一种方案与第二种方案的优势，采用分级 PoP 互联网方案。比如，先将同一个省的分支节点归集到一个省中心，再由省中心通过云联接平台送达总部。

3. 更稳定、更健壮、更安全

虽然银行希望尽可能避免单点故障，但集中化管理所带来的必然问题是，即使银行努力将集中点发生故障的概率降到最低，故障仍有可能发生。一旦如此，造成的结果将是灾难性的。为此，在采用云联接将互联网访问归集至总部后，我们仍然建议保留本地互联网的逃生通道。一旦总部无法访问互联网、访问质量极差，或者分支至总部的传输质量极差的情况发生，网络管理员就可以临时将本地的互联网出口开启。

也正是基于这种考虑，所以 SD-WAN 边缘网关需要有广域网优化能力，尽可能避免分支至总部传输质量差的情况出现。常见的广域网优化能力除了上文所提及的重复流量削减，还有以下方式。

第一种方案是利用 BBR（Bottleneck Bandwidth and Round-trip propagation time，瓶颈带宽和往返传播时间）算法。

BBR 算法是由谷歌开发的一种新型拥塞控制算法。该算法运行于连接至网络的各种终端，并决定数据发送的速度。

自 20 世纪 80 年代末以来，互联网在很大程度上采用基于丢包的拥塞控制算法，即只依靠丢包情况作为放缓数据发送速度的信号。这种算法曾经很有效，因为交换机与路由器的小缓冲区与低带宽非常匹配。因此，缓冲区往往会在发送者真正开始发送数据过快的时候填满并丢弃多余的数据包。以向水管中注水来做类比，为了尽可能利用这条水管，最简单的方式就是向水管中不停地注水，直至溢出。

但是在当今多样化的网络中，这种算法的问题逐渐显现。

- 在浅缓冲区中，数据包丢失会在拥堵之前发生。在高速长距离链路中，带有浅缓冲区的交换机可能"过于敏感"，因为丢包可能来自瞬时流量突发（这种丢包可能相当频繁，甚至链路大部分时间是空闲的），但会导致发送速率减小，使得链路综合利用率低下。

- 在深缓冲区中，拥堵则会发生在数据丢包之前，即臭名昭著的"缓冲区膨胀"（Buffer Bloat）问题。深度缓冲区将被反复填充重传的数据，并导致数秒无谓的排队延迟。

因此，BBR 算法对拥塞控制使用了一个全新的范式。对于一个给定的网络连接，它首先使用最近对网络传输率和往返时间的测量值来建立模型，然后使用这个模型来控制发送数据的速度和允许进入网络中的数据量①。

对拥堵控制的重新思考带来了巨大收益。BBR 算法能在有一定丢包率的网络链路上充分利用带宽，并且降低网络链路上的缓冲区占用率，对 TCP 传输有着极高的优化效果。同时，BBR 算法在数据发送端运行，只依赖于 RTT 和数据包交付的确认，不

---

① Cardwell N, Cheng Y, Gunn C S, et al. TCP BBR congestion control comes to GCP–your Internet just got faster[J]. google Cloud, 2017.

需要改变协议或网络[1]。因此，BBR 算法可以很容易在 SD-WAN 中应用。

第二种方案是利用 FEC（Forward Error Correction，前向纠错）。

银行或其他企业中有很多应用对延迟和丢包非常敏感，特别是即时通信类应用，如语音通话、视频会议等。在这类场景中，数据传输的延迟及丢包造成的卡顿会对用户体验造成恶劣影响。

仅依赖等待超时后再请求数据包重传的策略比较低效，往往难以满足用户对数据实时性的要求[2]。这时可以使用 FEC 优化传输质量。FEC 通过流分类拦截指定的数据流，增加携带校验信息的冗余包，并在接收端进行校验。如果网络中出现了丢包或者报文损坏，则通过冗余包还原报文，对数据传输的实时性有很大提升。

启用 FEC 方案后，数据链路抗丢包率可以达到 20%以上。即使在恶劣的网络环境下，FEC 也能保证视频会议音画流畅，不花屏、不卡顿。但是需要注意的是，由于增加了冗余包，会产生额外的带宽开销。如果带宽本身已非常拥堵，那么启用 FEC 可能反而导致应用质量更糟糕。

第三种方案是利用多发选收的方法。

对于可靠性要求很高且流量较小的业务（例如付款、紧急呼叫等），在带宽比较充裕的情况下，发送端可以将报文复制到其他链路发送出去。接收端收到多条链路传递过来的数据包之后，对重复的数据包进行去重操作，以恢复原始的数据流。这样即使某条链路中断，其他链路复制的报文仍然可以发送到对端，实现关键应用的零丢包与低时延，有效防止业务中断。

显然，多发选收也是利用带宽资源置换传输质量的方式，其使用的前提条件也是链路需要有足够的带宽。

第四种方案是利用互联网隧道优化的方法。

---

[1] Cardwell N, Cheng Y, Gunn C S, et al. BBR: Congestion-based congestion control: Measuring bottleneck bandwidth and round-trip propagation time[J]. Queue, 2016, 14(5): 20-53.

[2] 林利祥, 刘旭东, 刘少腾, 等. 前向纠错编码在网络传输协议中的应用综述[J]. 计算机科学, 2022, 49(2):12.

某些 IDC 或者运营商在特定的情况下，会随机丢弃一些 UDP 数据包。应对的常见方式是将 UDP 协议封装到 TCP 协议里发送，即 UDP over TCP。但这种方案会影响 UDP 传输的速率和实时性，因为 TCP 有可靠传输、拥塞控制、按序到达等特性，这些特性都会牺牲速率和实时性且无法关闭。

因此，如果网络质量好、不丢包，那么利用 UDP over TCP 方案会工作得很好；如果网络上存在丢包，数据包的延迟会极大地增加。如果带宽充足，利用 UDP over TCP 方案也会工作得很好；如果发送的数据超过了线路带宽，连接就会卡住一段时间，甚至可能造成超过 10 秒的时间无法发送数据①。

互联网隧道优化技术基于同样的思想，但可以避免上述问题。其独特的隧道封装技术避免了运营商的检测机制及限速策略，可以实现标准 UDP 隧道在互联网上的高效连接。

广域网优化的方式有很多，用户可以根据实际的应用和网络情况选择一种或多种方法提升线路的传输效率。另外，在本地互联网逃生通道临时开启时，应注意仍需要满足安全规则。因此，在归集访问的场景中，各分支的 SD-WAN 边缘云网关仍然需要启用上网行为管理与审计功能，执行与总部相同的规则，保证全场景的安全性。

实现互联网归集，统一出口访问已是不可避免的趋势。云联接可以补上集中化管理的短板，既能保障安全，又能保障持续访问，降低运维负担。

4. 另一种选择

互联网归集的根本目的是增强互联网访问的安全性，事实上，除银行外，如大型的央企、国企等也有类似的需求。对于部分企业而言，互联网的访问量非常大，若要实现完全的互联网归集，将对总部产生不小的带宽压力。因此，除了常规的互联网访问全归集，云联接提供了额外选择。

第一种方案是部分归集。

---

① 代码狂魔. 5 分钟了解游戏加速器的原理与搭建[EB/OL]. [2021-11-21].

针对视频会议等对时延及网络质量较为敏感的应用，如果将其归集至总部，特别是分支机构距离总部非常远时，可能会导致应用质量的显著下降。因此，可以基于SD-WAN 的灵活性设置白名单，指定敏感应用通过本地出口访问互联网。同理，如爱奇艺、优酷等流量较大的视频网站，也可以通过白名单匹配走本地出口，这样可大幅减少总部出口带宽的使用。

第二种方案是认证归集。

为保证安全性，员工访问互联网时往往需要进行身份认证。各分支机构若独立认证，则不利于统一管理，特别是当认证策略变更时，各机构将"大动干戈"。最好的方式是将认证归集至总部，本地互联网出口执行统一上网行为管理策略，并启用严格的行为记录审计。通过这种轻量级的方式，同样也能增强互联网访问的安全性。

3.2.2 把脉网络："望、闻、问、切"

如同计算、存储资源虚拟化后，无法再依赖传统的服务器监控工具一样，对于虚拟化后的广域网，传统网络监控工具所能提供的帮助也大幅降低。云联接作为网络虚拟化工具，自带完整的诊断系统，可以实现对网络原生的分析诊断。类比中医中的望、闻、问、切诊疗四法，云联接也有同样把脉网络的方式。

1. "望"：以应用视角看网络

针对网络状况的整体评估，从原先仅以时延、丢包、抖动、端口利用率等为评价方式改进为以应用使用效果为导向的评估。每个应用的使用效果乃至所有终端用户的应用响应时间，将会作为网络质量的评价标准。网络利用率也不再以单纯的带宽使用率来看待，而是以与业务直接相关的核心应用对广域网的使用比例来衡量。

2. "闻"：使用 QoS 探测多角度了解网络

QoS 探测用于持续跟踪指定源地址（通常是 SD-WAN 边缘云网关的任意接口地址）到指定目标地址的网络质量，可对 SD-WAN 边缘云网关广域网接口到本地网关、本地运营商 DNS 服务器、PoP 点、对端 SD-WAN 边缘云网关广域网接口地址等分别配置 QoS 探测进行分段测试。网络质量探测指标一般为时延、丢包、抖动，探测结果可以通过图表方式展示。

QoS 探测的目的是从多角度了解基础线路及隧道线路的长期基础指标，帮助运维人员在处理故障时快速定位问题。当遇到广域网性能问题时，可以通过上述探测结果快速定位网络质量问题发生的节点、问题的起止时间及严重程度。同时，QoS 探测还能为运维人员在网络中设置多链路切换策略提供依据。

3. "问"：使用路径探测有效测试网络

在传统的网络设备和网络环境中，运维人员如果想要了解网络联通性、路由路径、端口的通断、网络请求、域名解析、线路带宽、ARP 表项等项目时，受传统网络设备的属性限制，需要登录到对应的实际终端上进行相关测试。这时通常会遇到一些情况，例如，终端访问权限受限、终端处在异地、终端在进行生产业务等。这些情况通常会使测试较难推进，因此，存在效率低下、时效性差等问题，甚至还有因误操作影响生产业务的风险。

因此，SD-WAN 边缘云网关通过引入路径探测能力，为网络故障诊断提供了有效的检测手段。IT 运维人员随时可使用此功能进行网络维护，无须其他人员协助，也不对生产网络造成任何影响。路径探测一般包含如下常见的网络诊断工具。

- Ping：向指定目标地址发送 ICMP 报文，用于测试网络联通性。
- Traceroute：向指定目标地址发送 ICMP 或 UDP 报文，用于探测路由路径。
- Tcping：向目标地址的 22 端口发送 ICMP 报文，探测端口是否可达。多用于检测端口的联通性，或者对于开启禁 Ping 的主机进行联通性测试。
- Curl：向目标地址请求 Web 服务，并返回请求结果。多用于测试 Web 应用是否可用。
- DNS：使用指定的 DNS 服务器解析指定域名，并返回解析结果。多用于诊断 Web 服务访问异常、DNS 解析异常类问题。

- Iperf：可模拟一个 Iperf Server 端，监听指定的端口，也可模拟一个 Iperf Client 端，监听指定的端口，设置指定参数进行打流测试。多用于诊断定位线路传输带宽问题，结合用户内网进行分段排查，帮助定位问题点。
- Speedtest：多应用于互联网环境，单设备即可对互联网出口带宽进行精准测试。
- ARP 请求：多用于获取目标 IP/MAC 地址或诊断 IP 地址冲突问题。
- ARP 应答：多用于通过发送 ARP 应答包，刷新上联或者下联设备的 ARP 表。

4. "切"：使用抓包分析把握网络"脉象"

抓包分析包含以下几种方式。

第一种方式是实时抓包分析。

网络抓包是分析和检查网络通信数据包的一种技术，它通过捕获网络上的数据包来分析网络流量，以帮助网络管理人员诊断网络问题和检测安全漏洞。传统的抓包大多需要通过在设备后台输入烦琐的命令行来实现，并且需要将抓包文件下载至本地分析，在分析诊断过程中缺乏联动。实时抓包分析只需要在智能管控平台或边缘云网关的图形化界面操作即可，并能通过筛选多种条件的组合，如：IP、端口、协议类型等直接过滤抓包结果。执行的结果会以标准的格式整理好，并实时显示在界面中，便于使用者分析数据。

多种筛选方式赋予实时抓包足够的便捷性和灵活性。运维工程师无须在诸多的记录中寻找"草蛇灰线"，可以快速、精确地捕获有价值的数据包，从而更快地定位问题。

第二种方式是丢包分析。

延迟、抖动、丢包率是判断网络质量的三大基础指标，而丢包则是网络中常碰到的问题之一。流量通过 SD-WAN 边缘云网关后发生网络丢包的情况大致可分为两类。

- 网络质量导致丢包。
- 设备本身相关规则主动将包丢弃。

利用丢包分析功能，可以将 SD-WAN 边缘云网关本身相关规则主动丢弃的包展示出来，包括被丢弃包的源目地址、源目接口并写明丢包原因，如：源地址检查、流控模块、会话最大数目限制、接口 NAT 等，便于我们直接确认丢包原因，调整策略。

第三种方式是通信对分析。

经过 SD-WAN 边缘云网关的所有流量，其源目地址、源目端口及进出的端口号，都会被记录并以若干条直观的通信对记录展示出来。通过对每条通信对的深度分析，运维工程师能够清晰、直观地了解本地网络中每一台设备建立的每个网络连接的详细走向和流量大小。

例如，总部有新业务上线后，当发现分行访问出现单向通或者不通的情况时，运维人员可以通过通信对分析，查看是否存在通信对来回路径不一致的情况，从而快速定位故障原因；或者，当突然有某台主机的流量因过高产生异常时，运维人员可以通过查看这台主机的通信对，了解这台主机正在访问哪些业务，以及每个业务的流量占比，而后根据这些信息调整本地的应用策略。

网络运维最基本的职责就是确保网络的稳定性与可靠性，确保各项应用可以 7×24 小时不间断地为用户提供服务。一旦发生问题，MTTR（Mean time to repair，平均恢复时间）就成了考核网络部门的重要指标。云联接原生的分析诊断能力，将整个虚拟网络情况便捷、快速、直观地展现在运维管理者面前，真正做到整网看得懂、问题分得清、管理难度低，切实提升企业面向应用的 IT 敏捷性和用户体验。

下面仍然以实际项目经历为例。某银行原网络架构为典型的三级构架（如图 3-7 所示），支行分别有两条专线连接至分行及分行同城灾备点，而分行及分行同城灾备点使用专线连接至总行，同时，分行所处地理位置还囊括营业部办公室。当分行、支行员工在某时间段经常遇到业务访问卡顿的情况时，投诉至 IT 部门。但在原网络架构中，运维人员只能通过网络监控确认是分行至总行的主线路有突发流量造成拥堵所导致，无法获知进一步的信息，更遑论解决问题。

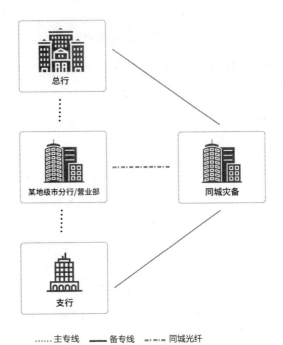

······主专线　▬▬备专线　▬ ▬ ▬同城光纤

图 3-7　银行典型的三级架构

完成该地市分行及下辖支行的 SD-WAN 边缘云网关上线后，当出现业务访问卡顿的情况时，运维人员通过观察流量分析结果（如图 3-8 所示），发现该时段内某主机地址持续占用流量。经过查询，该地址为某应用系统服务器，并且会定期推送大量数据至营业部客户端，从而导致线路拥塞。因此，当下，运维人员立即对该主机地址进行限速，业务卡顿现象得到明显缓解。随后，制定流量调度策略，使该数据流量默认通过备线传输，从根本上有效地避免了主线持续占满的情况出现。

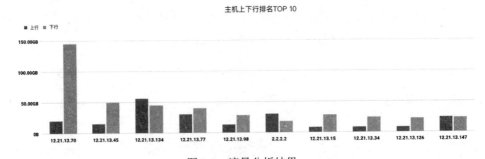

图 3-8　流量分析结果

经过此次突发流量排查事件，更坚定了客户拥抱云联接的信心，并着手开展全国分行、支行的部署扩容，此为后话。

3.3　证券机构：网络创新赋能业务发展

中国证券市场的建立可追溯至 20 世纪 80 年代，当时财政部门经历了一系列重大的制度变革。企业发现他们不能再完全依赖政府拨款或指定贷款，需要新的资金来源；与此同时，随着个人收入快速增长，很大一部分个人开始寻求投资机会。在这种趋势下，公司股票的非正式市场得以建立①。1984 年 11 月，飞乐音响向社会发行 1 万股股票，这是新中国第一只公开发行的股票。1986 年 9 月，第一个证券柜台交易点在上海建立。1990 年 12 月，上海证券交易所正式开业。几个月后，深圳证券交易所于 1991年 7 月正式开业，标志着我国证券市场开始形成。

证券市场发展至今，技术发展的浪潮蜂拥而至。在证券行业加速数字化转型的背景下，券商纷纷加大信息技术投入，以数字化赋能业务发展。其中，优化数据流转，释放数据价值成为重要基石。云联接为证券行业提供了稳定、安全的高性能网络连接，在证券行业具有巨大的应用潜力。

3.3.1　拥抱互联网的证券机构

在很长一段时间内，证券营业部设有交易大厅及配套的交易终端，股民们开户、买卖股票必须要到营业部操作。交易大厅的环境、网络质量则成了吸引股民的重要因素之一。为了保障业务的顺利开展，营业部至数据中心必须采用多专线互联互备的方式。

随着互联网的传输质量显著提高，移动互联网技术的飞速发展，各证券公司都推

---

① Seddighi* H R, Nian W. The Chinese stock exchange market: operations and efficiency[J]. Applied Financial Economics, 2004, 14(11): 785-797.

出了自有的客户端 App（如图 3-9 所示），或与第三方股票交易工具合作，对账户、产品、支付结算等体系进行再造。现在，用户可以很方便地在各客户端上实现在线开户与交易。各营业厅的角色逐渐由交易场所向宣传、咨询场所转变。早在 2014 年，中国证监会新闻发言人表示，证监会将按照"适度监管、分类监管、协同监管、创新监管"的原则，支持证券经营机构利用互联网等现代技术改造传统业务，统一线上线下业务的监管标准，促进互联网金融的健康发展①。同年 5 月 9 日颁布的"新国九条"明确提出，要支持券商发展互联网证券期货业务，支持有条件的互联网企业参与资本市场……互联网证券的大趋势已不可阻挡。

东方财富证券交易软...　华林证券App　国联证券股票开户Ap...　招商证券App的应用...　中山证券App　粤开证券App下载-粤...

图 3-9　百度搜索证券 App 结果

根据中国证券业协会 2012 年 12 月 3 日修订发布的《证券公司证券营业部信息技术指引》（以下简称"指引"）第四条，证券营业部可分为 A 型、B 型和 C 型②。业内通常把 A 型证券营业部称为传统营业部，把 B 型证券营业部称为新型营业部，把 C 型证券营业部称为轻型营业部。

在网络建设方面，"指引"第十四条指出，证券公司与证券营业部之间应采用至少 2 条不同运营商或不同介质的通信线路，建立安全、可靠通信连接，且线路带宽能够满足证券营业部业务需要并留有冗余。网络通信设备应有冗余备份，保证发生故障时实现及时切换。A 型和 B 型证券营业部的通信线路中应有一条为地面数据专线。

在营业场所内部署与现场交易服务相关的信息系统，为客户提供现场交易服务，

---

① 朱宝琛. 六家券商首获互联网证券业务试点资格[EB/OL]. [2014-04-13].

② 证券时报网. 券商信息技术指引发布，新设营业成本大大降低[EB/OL]. [2012-12-03].

并设有机房的证券营业部，简称为 A 型证券营业部[①]。A 型证券营业部一般采用传统双专线互备方式与总部互联，最大程度地保障网络稳定地运行。

在营业场所内未部署与现场交易服务相关的信息系统，但依托公司总部或其他证券营业部的信息系统为客户提供现场交易服务的证券营业部，简称为 B 型证券营业部[①]。B 型证券营业部与总部一般使用专线与互联网 VPN 线路进行连接。专线为主用线路，承载视频会议、业务访问等数据，互联网 VPN 线路作为备线。

在营业场所内未部署与现场交易服务相关的信息系统且不提供现场交易服务的证券营业部，简称为 C 型证券营业部。B 型证券营业部与 C 型证券营业部的区别是，在 B 型证券营业部，客户可以用网上交易系统下单，C 型证券营业部则不允许客户用任何系统下单交易。C 型证券营业部与总部一般只使用互联网 VPN 线路进行连接。

1. A 型证券营业部多专线调度

A 型证券营业部多专线调度场景与 3.1.1 节所述的银行业类似，此处不再赘述。

2. B 型证券营业部负载更均衡

B 型证券营业部采用专线为主线、互联网为备线的网络架构。在正常情况下，所有的应用都传输在带宽有限的专线上，而互联网 VPN 线路作为备线基本闲置，整体负载极不均衡。云联接的特性之一就是与底层链路解耦，可直接将互联网线路资源叠加入网络资源池，实现与多专线场景类似的灵活调度。同时 SD-WAN 边缘云网关本身具有建立 VPN 安全隧道的能力，可直接替代原来的 VPN 设备，简化网络结构。

SD-WAN 边缘云网关通过监测数据传输质量，当主用线路传输质量较差时（一般由于拥堵所致），可以对数据流量进行灵活分配，并启用 QoS，保障关键业务的带宽。如以下场景。

- 当 B 型证券营业部与总部通过专线进行视频会议时，为保障视频会议质量，设定视频会议保障带宽，并将次优业务数据采用互联网安全隧道传输。
- 当 B 型证券营业部与总部在使用专线传输业务数据时，若检测到线路质量不佳，则自动将部分流量切换至互联网安全隧道传输。

- 当 B 型证券营业部的专线中断时，可无缝切换至互联网安全隧道，不影响承载的业务。

云联接将原先基本闲置的互联网线路充分利用起来，帮助企业使网络能力与业务需求保持一致。

3. C 型证券营业部线路更稳定

C 型证券营业部与总部只使用互联网 VPN 线路进行连接，那么当互联网出现问题时，会导致营业部无法访问总部，从而影响业务开展。

用 SD-WAN 边缘云网关替代原 VPN 设备，在基于互联网建立至总部安全隧道的同时，启用 4G 或 5G 备线，当互联网中断时自动切换。

正如前文所提到的，云联接相比传统 VPN 的更大优势在于其对传输质量的优化能力，拥有 BBR、FEC、FakeTCP 等多种广域网优化算法，可针对不同应用类型及实际网络环境，使用不同的优化方式。比如在 UDP 传输场景中，FEC 可有效地提升传输质量，如视频会议、视频观看等，避免出现视频花屏、卡顿、音画不同步的问题；而在 TCP 传输场景中，BBR 可提高带宽利用率，确保稳定性，如网站访问、文件传输等。

除此之外，SD-WAN 边缘云网关作为网络功能的集大成者，除了作为一个更强的"VPN 设备"，还可启用上网行为管理、流量审计、防火墙功能，减少网络中的设备故障点，简化整体网络结构，减少 IT 支出成本。

中国证券业在 20 多年的发展过程中，业务通道化、产品同质化等现象较为普遍，业务附加值较低[①]，而互联网促使证券行业迸发了新的活力。中国证监会新闻发言人曾表示"互联网证券业务是我国多层次资本市场的重要补充，是信息技术、电子商务和金融创新发展的必然结果，证监会始终重视证券公司开展互联网证券业务，要求中

---

① 杨毅. 破局业务通道化同质化 券商财富管理转型未来可期[EB/OL]. [2019-06-12].

国证券业协会积极研究推动证券公司开展相关业务实践"[1]。以客户需求为核心、以提升客户体验为导向，根据公司自身情况，不同程度地对公司现有业务或平台进行整合或重构，代表了目前证券公司对互联网证券的认识和基本实践。云联接已成为证券机构接受互联网的助推器，其更灵活、更稳定、更安全的特性，将帮助证券机构更好地利用互联网开展业务，促进互联网金融的健康发展。

3.3.2　数据中心虚拟化传输

核心业务 7×24 小时不断网、不断电持续运行是金融行业的基本要求。如深圳证监局于 2008 年发布了《深圳辖区证券公司灾难备份体系建设工作细则》，要求辖区内证券公司限时建成异地数据备份系统及恢复系统[2]。目前主流的数据中心灾难备份一般采用"两地三中心"的方案，以具备高可用和灾难备份能力保证。

"两地三中心"一般指"同城双中心"加上"异地灾备中心"。"同城双中心"具体是指在同城或邻近城市建立两个可独立承担关键系统运行的数据中心。双中心具备基本等同的业务处理能力，并通过高速链路实时同步数据，日常情况下可同时分担业务及管理系统的访问，并定期切换运行；灾难情况下可在基本不丢失数据的情况下进行灾备应急切换，保持业务连续运行。

"异地灾备中心"是为避免自然灾害的影响而在外地做的备份，当同城数据中心因为自然灾害等出现意外情况时，异地灾备中心的备份数据可以进行数据恢复，以保证数据的完整性。

同城双中心一般采用光纤直接相连。这是成本最高昂的方式，也是最有保障的方式。异地灾备机房通过长途点到点专线连接至主数据中心机房。证券机构业务类型众多，不同数据有着不同的传输要求。如部分需要二层互通，部分需要三层互通；又如部分需要支持 IPv6 协议，部分需要支持组播等。传统的解决方案是针对不同的需求，

---

① 朱宝琛，乔誌东. 六家券商首获互联网证券业务试点资格[EB/OL]. [2014-04-12].
② 游芸芸. 中投证券实施"两地三中心"灾备[N]. 证券时报，2009-3-4-(A009).

拉取多对专线（互为主备）。但这种方式存在如下问题。

- 结构僵化。不同类型的数据流传输的路径是固定不变的，这就有可能存在某条专线负载很高，而其他专线闲置的情况，整体利用率低。
- 运维复杂。对多对专线的管理相对于对单条专线的管理复杂程度并不是单纯的倍数关系。运维人员不仅需要关注联通性，还要关注各条线路的传输属性及链路网元设置等。当有业务变更或有新业务上线时，更有可能涉及线路的重新规划。
- 性价比低。单从价格角度来计算，N 条 100Mbps 专线的月租价格之和，可能远高于一条 $N\times100$Mbps 专线的月租，何况还有额外的人力管理成本。

为了简化网络结构，提升线路利用率，最好的方式是实现网络虚拟化，使得不同的业务数据可以传输在包含多条逻辑线路的一条物理线路中。网络虚拟化一般有下面四种方式。

1. 分段路由

第一种方式是使用分段路由（Segment Routing，SR），这是传统建立虚拟网络的方式。SR，顾名思义，就是将网络任意两节点的路径划为一个个"分段"，每个分段由 Segment ID（SID）来标识。SR 是一种源路由机制，即预先在源节点封装好路径所要经过节点的 SID，当报文经过路径节点时，该节点根据报文的 SID 对报文进行转发。除源节点外，其他节点无须维护路径状态。

在网络虚拟化中，分段路由被广泛应用于构建多租户网络环境的场景中。将物理网络划分为多个逻辑网络，每个逻辑网络具有独立的网络地址空间和路由规则，从而实现不同租户之间的隔离与独立。它可以帮助网络管理员实现网络资源的隔离、共享和利用，提高网络的安全性和性能，但它也存在以下一些劣势。

- 管理复杂度增加。在分段路由中，每个虚拟网络都需要独立的网络地址空间和路由规则，这增加了网络管理员的管理复杂度，需要管理员拥有更多的管理经验和技术知识。
- 路由表规模增加。在分段路由中，每个虚拟网络都需要有自己的路由表，这将导致路由表的规模增加，从而影响路由器的性能和速度。

- 难以实现跨越虚拟网络的通信。由于不同的虚拟网络之间是相互隔离的，因此，在实现虚拟网络之间的通信时，需要额外的配置和技术支持。

2. 虚拟路由和交换

第二种实现虚拟化的途径是部署托管在服务器或云上的交换机和路由器，并通过隧道或虚拟链路连接。这些虚拟链路基于传统的路由和交换提供，包括 MPLS。

云托管网元的想法诞生于 NFV（Network Function Virtualization，网络功能虚拟化）的理念。虽然到目前为止，NFV 还没有明确地用于路由和交换，而是将重点放在防火墙和虚拟客户端设备等功能上。但是虚拟交换机已经在云计算中得到了广泛的应用，虚拟路由器作为云中的网关设备也受到了业界的关注[①]。

然而虚拟路由器和交换机仍可能受到多种物理限制，如延迟变化、链路容量、平台兼容性问题，以及所承载物理平台的能力。与在本地链路上传输数据包相比，在虚拟链路上传输数据包的开销必须最小，这意味着最小的封装和复用成本要求[②]，仍然是不小的技术挑战。

3. 软件定义网络

软件定义网络即 SDN。SDN 架构分为应用层、控制层和基础架构层，控制层的 SDN 控制器可以通过北向应用程序编程接口（API）与应用层的应用程序通信，通过南向接口（如 OpenFlow）与基础架构层的交换机或路由器通信。如图 3-10 所示，网络管理人员在应用层进行网络编排，通过控制器下发至基础架构层，基础架构层的设备只进行数据转发，实现了网络的自动化。

---

① SDNLAB 君. 网络虚拟化四法，SD-WAN 最佳[EB/OL]. [2017-11-24].

② Alshaer H. An overview of network virtualization and cloud network as a service[J]. International Journal of Network Management, 2015, 25(1): 1-30.

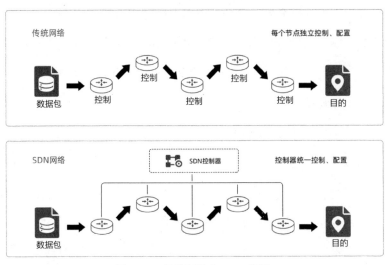

图 3-10　传统网络与 SDN 网络

　　SDN 是实现网络虚拟化的一种思想与理念，而不是一种具体的技术。这也就意味着端到端控制的协同问题。企业网络中现有的设备往往来源于多个厂商，特别是分支机构若自行管理，设备类型就更为繁杂，跨厂商控制器通用将成为难题。即使足够幸运，设备均支持主流的控制转发协议（如 OpenFlow），但其需要专用的芯片支撑。专用芯片价格高昂，因此，在数据中心使用还可以，但难以大范围地应用于广域网中。

4. Overlay 网络

　　Overlay 网络（包括 SD-WAN）是创建虚拟化网络的第四种方式，这是从云计算中衍生出来的一种模式。早期的云服务提供商希望能够轻松实现多租户网络，SDN 初创公司 Nicira（2012 年被 VMware 收购）提供了首个具有可行性的方案，其他厂商如 Nuage（Nokia 的子公司）也提供了 Overlay 的方式。Overlay 模式的关键是为每个租户创建一个网络之上的网络。SD-WAN 的出现则将 Overlay 引入分段基础设施的核心。很多实现 Overlay 的策略都是可行的，并且不需要一个标准的 Overlay 方式，因此，它可以被用户、管理服务提供商和网络运营商广泛采用。

　　那么，在广域网中实现网络虚拟化的最佳方式是哪种？SDN 和 NFV 作为驱动虚拟网络的两大因素，都依赖于网络运营商构建基础设施方式的重大转变，这限制了网络运营商的采用速度。SD-WAN 作为虚拟化战略中最具影响力的虚拟化方式，其利益相关方合作基础最为广泛，更容易推动业界的转型。SD-WAN 不仅将服务与基础设施分离，还通过采用其他虚拟化技术，如 SDN 和 NFV，为基础设施的转型打开了大门。由于 SD-WAN 运行在基础设施之上，而且可以由企业、网络运营商和管理服务提供商部署，所以传统基础设施变化的成本不会影响 SD-WAN 发展的脚步。

基于这样的理念，云联接将一条专线从逻辑上拆分为多条虚拟线路，不同的虚拟线路可以承担不同的业务，根据不同业务区域匹配对应的虚拟区域和功能策略，从而使企业网络更贴近业务发展路径，赋予业务弹性扩展的能力，快速、灵活地实现数据中心之间的网络资源访问。传统的专线组网模式创新升级为新型虚拟化组网，原本无法高效动态访问的具体场景服务业务在虚拟线路中完整承载，云联接实现了对业务的全方位支撑。

3.4　助力科技升级服务的保险企业

近几年，科技与保险业的融合创新正不断推动行业发展，科技的发展也给保险销售、理赔流程，以及产品的设计带来了巨大变化。传统的核心系统和网络架构已经难以满足当前业务开展需要。因而，保险公司在传统核心系统构建的信息化基础上接入各类数字化系统，并在"互联网+"及前沿科技应用的驱动下，逐步走向了数字化升级。保险数字化升级遵循两个特征：一是面向互联网渠道和应对移动化趋势而建设的业务系统及服务架构；二是基于新一代信息技术对传统业务流程进行的升级改造[①]。

保险中台是保险行业实现数字化升级的核心部分，中台系统能够在不替换传统核心系统的情况下，通过 API 调用的方式释放服务能力，赋能前台应用，满足前台复杂的业务场景需求。而保险企业的网络智能升级则使保险中台的功能发挥得到最大化。

---

① 艾瑞咨询. 2021 年中国保险行业数字化升级研究报告[EB/OL]. [2021-01-18].

传统的保险企业网络在层级上可分为数据中心、二级机构、三级机构，以及深入到县的四级或五级机构。在传统的组网方式中，综合考虑组网质量与成本投入，一般采用数据中心与二、三级分支机构通过 MPLS 专线连接，并使用动态路由协议实现网络层的互通，与四、五级分支机构通过 VPN 线路相连。为保证整体网络的稳定性，数据中心采用双专线、双路由器、双核心交换机接入。各级分支机构除了与总部组网，额外有一条互联网线路用于上网。

传统的组网方式保证了基本的互通能力，但随着业务的发展，带宽面临着巨大压力；同时单纯 VPN 的接入方式质量不稳定，极易影响业务开展。虽然保险中台能释放服务能力，但若数据传输经常出现拥塞、中断，还是难以完全满足业务场景需求。云联接补上了这块短板。

正如保险中台实现了不替换传统核心系统前提下的业务升级，云联接同样秉持着尽可能缩小现有网络影响面的理念，对网络进行升级。图 3-11 是某保险企业实现网络改造的典型场景。

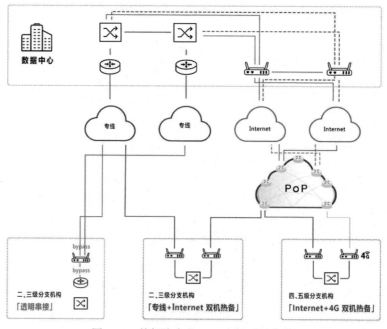

图 3-11　某保险企业 SD-WAN 改造拓扑

数据中心仍然采用旁路冗余模式，并启用动态路由协议，有效融入当前网络。对于有冗余交换机的二级分支机构，为简化网络，采用双机路由模式部署在网络出口，直接替换原路由器，并与数据中心各边缘云网关建立隧道，实现设备、线路多层面互备；在三级分支机构中，采用透明部署方式，在原有专线的基础上，额外基于互联网线路建立一条安全隧道。互联网线路可承载非核心流量为专线分流，两条线路也可互为备线；同时可选择添加 4G 线路，当专线与互联网线路均中断时，启用 4G 线路。最后针对四、五级分支机构，边缘云网关可直接替代原 VPN，不仅保留原来 VPN 联通数据中心的效果，还额外增加了 4G 线路备份，以及协议优化、QoS 等多种技术保障传输质量。

最后，在数据中心建立智能管控平台，对各分支机构的边缘云网关集中纳管。同时提供 API，加入现有运维体系统一展示与管理。

改造完成后，以保险企业的典型场景为例，可以有效验证网络升级后的效果。

- 电销中心和电话中心：网络升级后，可根据自定义策略或者链路质量检测设定语音流量路径；当主用链路中断或质量恶劣时，自动切换至备用线路。同时，启用语音流量 QoS 保障机制与传输优化策略，当基础链路质量不佳的情况下，仍保证语音通话的连续性。

- 保单制作中心：保单制作中心有大量实时视频和文件传输的需求，这些需求可能涉及保险理赔、索赔文件、客户信息等，因此确保高质量、安全性和高效性的数据传输不可或缺。云联接根据自定义策略或者链路质量检测设定流量路径，保证一线人员或者最终用户业务的顺利开展。

云联接领导零售连锁行业变革

传统的零售企业需要借助如门店、商场等载体，面向公众进行物品交易。如今，随着互联网技术的发展与普及，"新零售"的概念早已被大众所接受，并逐渐成为零售企业常态化的经营模式。从实体店发展到电商，再发展到新零售，企业依靠互联网带来的便利性，结合如大数据、云计算等先进的技术手段，对商品从生产到售后的全生命周期进行优化改造。在提升线下门店服务质量的同时，以"线上+线下"联合的方式，辅以完善的物流系统，使商品能够打破空间限制，经历最短的时间或最合理的运送路径抵达消费者手中。企业可以将消费者的购买记录完整保存，便于追溯购买信息，还能对消费者进行画像分析，及时推送消费者所喜爱的或可能需要的物品，便于消费者选购。常见的案例如：选购牙刷后同步推荐各类牙膏品牌，选购海鲜产品后同步推荐其他肉类或蔬菜产品。

虽然"新零售"这个名词对于广大消费者而言早已耳熟能详，但它依然在持续地自我迭代升级。在 2020 年后，又逐渐出现如"智慧零售""无界零售"等新概念。不难看出，零售企业的业务内容不仅包括带给消费者一件件商品，还包括对消费者购物行为的分析，以及对消费体验的塑造。

新零售的发展依赖于数字技术的进步。随着数字化转型逐渐步入常态化，越来越多的零售连锁企业正深刻体验着新技术对行业的重塑力量。对零售连锁企业而言，在数字化与智能化改造升级的过程中，不可避免的一环是对信息系统的基础（即网络）进行规划与调整，以实现总部与门店、门店与门店、线下与线上之间数据安全性、统一性、实时性、可管理性的兼顾。云联接正在领导着零售连锁行业的变革。

4.1　大型连锁商超

随着线上交易量急剧增长以及移动电商的崛起，传统的大型连锁商超也正经历着线上交易对线下门店交易造成的严重挤压。为了一改颓势，连锁商超企业开始全面"触网"，纷纷进军 O2O（Online To Offline，线上到线下）领域。新势力如盒马鲜生以生活圈为概念，同时支持配送距离线下门店 3km 范围内的用户；老牌商超如家乐福也在加速变革，提出"家庭场景解决方案"，除了提供商品，它还提供近场社区的家庭场景服务。随着移动应用的发展与普及，连锁商超企业通过线上线下协同，改善用户与实体店之间的互动体验，提升服务质量与营销水平。连锁商超企业专注于简化购物流程、提升购物体验，为连锁商超的业务发展赢得新的增长点。在这一商业模式的改造过程中，网络作为基础设施，发挥着重要作用。

4.1.1　老架构革新

在连锁商超企业进行网络调优前所依赖的传统架构中，为了保证门店与总部互联的网络质量，连锁商超企业往往通过 VPDN（Virtual Private Dial Network，虚拟专有拨号网络）线路将众多门店与总部相连，并且在总部将大量线路进行统一汇聚，以同时实现访问内部应用与互联网的目的。

然而，随着原本水火不容的"线上""线下"两个割裂的个体开始从竞争走向融合，连锁商超的数字化建设全面铺开，网络中的数据量呈指数级持续增长。在海量数据的传输需求面前，传统架构面临着如下三大关键问题。

第一，在丰富的支付手段（如微信支付、支付宝、美团钱包等）广泛应用的当下，大量门店每日线上支付、外卖订单处理、会员管理，以及来店消费者所需的网络访问等互联网应用场景使得互联网访问需求急剧增加，这给总部的互联网出口带来了巨大压力。连锁商超企业迫切需要可靠的方案对互联网进行扩容，在减轻总部网络出口压力的同时，确保来店消费者群体的消费体验不因互联网问题造成影响。

第二，由于 VPDN 线路带宽有限，门店的数据传输经常出现拥堵，典型情况如门店结账系统卡顿甚至死机，这严重影响了业务的正常开展。如果企业进行门店带宽扩容，则可能面临 VPDN 线路相对高昂的扩容费用。连锁商超企业急于寻找与 VPDN 线路相比性价比更高的组网方式。

第三，通过 VPDN 线路组建网络时，由于各门店仅有一条 VPDN 线路，缺乏备份机制，且门店内通常不具备专业的 IT 人力资源。因此，当线路中断时，门店往往只能被动地等待网络恢复，这严重影响了业务开展。连锁商超企业通常期望在增加备份机制的同时，不必面临成本成倍增加的压力。

除了以上三点问题，对连锁门店的管理也一直是连锁商超企业关注的重点。新零售的发展对连锁商超企业提出了许多亟须解决的新要求：如何对分布在广阔区域的众多门店进行统一管理？如何对进货、库存、物流、产品促销、员工业绩、营收等数据进行管理，使总部决策层能够对门店的业务状态了如指掌，使大区管理层能够对员工操作进行有效管控，使门店业务人员能够对本店情况一目了然？如何通过数据统计与分析，为企业决策层提供有效参考，进而使业务获得更持久的发展动力？如何对现有业务进行优化，进一步提升消费者的购物体验？

在数字化、云化的当下，零售连锁企业对不同系统数据的一致性与同步性、对数据的安全防护能力、对数据传输的持续性与稳定性均提出了更高要求。这不仅是为了方便企业内部管理、提升效率，更是激发海量业务数据和产品数据深层价值、创造优质客户体验的必要条件之一。云联接的运用使这些要求得以落实，并为老架构革新提供了新的思路。

1. 门店上网

在连锁商超企业普遍使用的传统架构中，门店上网流量汇聚至总部出口的核心原因之一在于方便集中管理。通过流量汇聚的方式，使得企业仅需在总部进行上网行为管理即可，各门店则遵循统一的上网管理策略。这样的模式不仅可以集中管控权，简化门店的网络管理工作，还可以使企业的网络管理人员集中在总部，进行技术团队规模的压缩，从而有效地控制人力成本。

在新零售场景中，随着门店互联网业务量的快速增长以及大量内网业务迁移至云端，此前为连锁商超企业提供便利的汇聚式网络反而为企业总部带来了极大的带宽压力，老架构已经不再适用于新场景。此时，云联接对广域网的控制能力以及对互联网的灵活运用使其在连锁商超企业中获得青睐，成为网络架构革新的首选项。

如图 4-1 所示，云联接通过将门店基础线路替换为性价比更高的互联网，结合边缘云网关、智能管控平台等组件，实现门店上网的几项主要诉求。

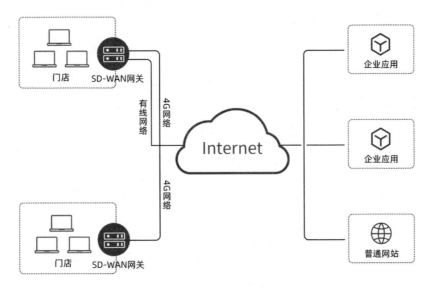

图 4-1　门店上网示意图

- 部署在各个门店的 SD-WAN 边缘云网关作为上网出口，统一开启上网行为管理策略，将互联网访问下沉到各个门店中，不再统一汇聚到总部出口。这在极大地减轻总部带宽负担的同时，也帮助企业在不增加 IT 工作人员的基础上，实现对全部门店的网络安全统一管理。

- SD-WAN 边缘云网关整合 ESIM（Embedded-SIM，嵌入式 SIM 卡）线路备份能力，提供互联网中断时的备份保障。如果互联网线路中断，则 SD-WAN 边缘云网关会自动切换至 ESIM 提供的无线通信线路中。同时，ESIM 可根据通信信号强弱自动判断并连接质量最佳的运营商线路，确保 ESIM 提供的无线线路是当下质量最佳的线路。

- SD-WAN 边缘云网关还可以为门店提供 Wi-Fi 接入能力，为前来门店购物的消费者提供 Wi-Fi 上网服务。不过，需要特别注意的是，面向公众提供 Wi-Fi 访问服务需要满足中华人民共和国公安部令（第 82 号）《互联网安全保护技术措施规定》的要求，并确保提供 Wi-Fi 接入的网络安全产品经公安部检测合格，切实落实相关安全保护技术措施。

2. 门店组网

与 VPDN 组网相比，互联网的覆盖面积更广、所蕴含的资源更丰富、带宽成本更低、整体性价比更高。如图 4-2 所示，自 2000 年起，互联网的可靠性出现了质的飞跃，其价格却一路走低。

因此，基于大带宽的互联网线路，SD-WAN 边缘云网关可建立端到端完整加密的访问隧道，实现门店与数据中心之间的数据稳定传输（如图 4-3 所示）。

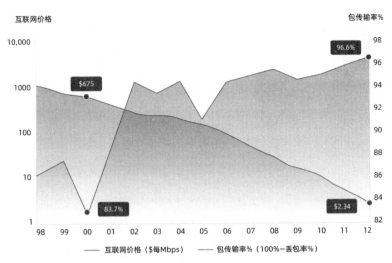

图 4-2　互联网价格与可靠性变化趋势①（1998—2012）

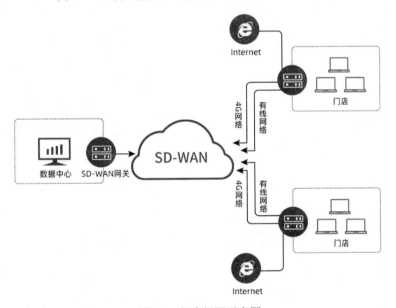

图 4-3　门店组网示意图

除此之外，正如门店上网部分所提及的，ESIM 的冗余能力为网络提供了线路备份保障，确保了网络访问不因线路问题中断，同时也确保了网络传输的连续性。

----

① 金门 C 记. SDWAN 的前世今生. [EB/OL]. [2020-01-07].

线路冗余能力建设的同时，通过 SD-WAN 边缘云网关双机热备能力，实现设备冗余。当主机出现故障时，备机自动接管服务，实现流畅的无缝切换——即用户对切换过程不会产生感知，用户体验不会受到任何影响。

由于总部是与全部门店互相访问的中心点，对网络可靠性的要求更高，任何短暂的网络故障都有可能造成大面积的负面影响，因此，"设备+线路双冗余"的模式对总部而言至关重要。SD-WAN 组网的稳定性保障，为连锁商超企业提供了坚实的网络后盾。

在基础组网能力之上，云联接整合 QoS 保障、灵活选路及动态智能切换能力，在大并发、多分支门店管控的场景中，让多个门店的业务均能够通过实时最优线路传输，尤其要确保主要业务和关键业务高效调用现有网络资源的能力，确保门店业务的稳定性。

3. 网络管理

连锁商超门店数量众多，常常数以百计甚至千计，且门店位置较为分散，这导致整体 IT 管控能力较为薄弱，尤其是对于小型便利店而言，考虑到成本控制及实际需求等众多因素，店内通常不具备 IT 人力支持。这使得在传统的连锁商超经营场景中，当业务出现卡顿、中断的情况时，门店工作人员只能反馈至总部 IT 部门。但总部 IT 人员也难以快速定位故障，一般通过售后热线将故障反馈给运营商，然后由运营商安排技术专家进行排查，导致故障处理时间长，业务开展受到影响。如果故障并非由网络导致，那么当运营商技术人员排查完毕并告知网络线路没有问题时，故障处理则容易陷入僵局，此时故障对门店业务的影响范围将进一步扩大。

云联接提供的智能管控平台能针对性地解决连锁商超门店的整体 IT 管控难题，帮助连锁商超企业在不增加 IT 运维及人力成本的基础上实现整体网络的统一管控。在总部统一设置并下发各门店的 IT 管理规则后，企业内部 IT 管理团队使用展示可视化的、数据全量化的平台实时掌握各门店联网设备的运行情况。全面的网络状态监控与管理，也能在网络出现故障时帮助判断并及时定位故障原因，充分压缩故障处理时间。

　　除日常运维外，智能管控平台还可以为总部推送数据报表，帮助总部充分了解各门店的网络情况，协助连锁商超企业做出更精准的运营判断。

4.1.2　便捷入云

　　由于受到亚马逊（Amazon）等网络电子商务及新零售持续发展的冲击，传统连锁商超企业迫切需要通过移动互联网服务和云服务等技术提升与客户之间的"亲密度"，对客户的偏好、习惯进行分析，并匹配更加优质的服务。这需要连锁商超企业以云服务和宽带网络作为基础，迈出实现数字化转型的关键一步。此外，连锁商超企业大量门店所需处理的日常数据（如销售点信息数据、动态变化的库存信息、物流数据、客户使用偏好追踪数据、门店实时监控数据等）也需要迅速整合，从而实现线上、线下业务的进一步融合，构建连接人、货、场的闭环，而这离不开云服务的支持。如今，更加灵活地进行云服务的连接已经成为连锁商超企业选择 SD-WAN 技术的核心推动力之一。多云环境已经较为成熟，零售业务需要向更灵活、更优质、更安全的网络连接平台过渡。

　　对连锁商超企业来说，SaaS（软件即服务）和云服务并不是陌生的概念。在国外，沃尔玛将 OpenStack 与 Azure "两手抓"，增加了其混合云战略的灵活性和敏捷性；在国内，世纪联华通过阿里云轻松解决流量突增及服务器需求过多的问题，以云的能力更好地承载蓬勃发展的业务。

　　不过，迁移入云的过程往往会对企业业务造成或多或少的影响，比如造成业务的不连续或者短暂中断，这成为连锁商超企业迟迟无法下定决心"入云"的桎梏。面对诸多门店统一迁移入云的需求，连锁商超企业提出较高的要求，即：既要快速实现业务上云，又要在迁移改造过程中不对业务造成影响。SD-WAN 技术的出现正好可以满足这一要求。以下是云联接助力连锁商超企业快速迁移入云的典型案例。

　　某省连锁商超总部基础设施多年保持不变，随着时间推移，设施陈旧落后、硬件老化问题日益凸显，系统较为脆弱，对业务造成一定程度的负面影响，限制了业务的发展。另外，随着连锁门店之间互访需求的增加，企业对门店与门店间的网络环境进行了多次改造，而改造时企业又选择了"收到一个需求，满足一个需求"的改造方式，缺乏对网络结构的整体性预判，没有标准的改造模板供参考，导致改造后的网络结构混乱，对网络的维护和管理变得十分困难。

基于推动业务发展的切实需要，为全面梳理网络环境，实现标准、规范的整体改造，该连锁商超企业决定启动将服务器向云端迁移的信息化工程，将总部服务器迁移至云端，一步到位解决现网问题。

另外，由于迁移上云后门店原本通过专线访问应用的方式不再适用，所以经过与该企业的 IT 团队详细沟通和讨论后，我们为其量身定制了网络改造及迁移入云的一体化方案，整个改造过程可分为四步（如图 4-4 所示）。

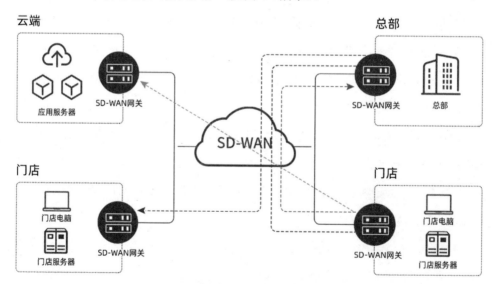

图 4-4   云联接协助连锁商超企业便捷入云

（1）在总部与云端部署 SD-WAN 边缘云网关，建立访问通道，确保暂未进行改造的门店仍能通过绕行总部的方式访问云端业务。

（2）在门店部署 SD-WAN 边缘云网关，建立至云端的安全隧道以访问业务应用。

门店边缘云网关增加 4G 线路作为灾备通道，实现线路冗余。

（3）在所有的门店网络改造完毕后，总部作为门店访问门店的中转点，以简化整体网络架构。

（4）通过智能管控平台赋予企业对网络进行统一管理的能力。

通过实施团队的部署，该连锁商超企业的网络改造方案最终成功落地，并在一周时间内完成了整个改造项目。在网络架构的整体变更切换过程中，企业日常营业没有受到任何影响，也没有出现门店工作人员反映网络故障的情况。切换完成后，长期困扰企业的网络架构复杂、陈旧，以及管理与维护困难等问题被"连根拔除"，企业的信息化建设向前迈进了一大步。

4.2　服饰零售门店

作为零售行业的典型代表之一，服饰零售门店或专柜普遍存在位置分散、规模不一、库存情况参差、管理困难等问题。在门店或专柜中，POS 机和库存系统都有专属的网络，通常与企业办公网络分开，这提高了服饰零售企业对网络可靠性、灵活性的要求。现状却是企业难以为每个门店分派专业 IT 人员进行日常维护与管理，只能被动等待报修故障后再安排工程师进行修复，影响业务开展。另外，由于服饰零售门店多依靠购物商场进行经营，导致在选择网络、建设 IT 架构时受到诸多因素的限制，往往不得不依照商场的各类要求进行调整。种种因素进一步加剧了网络的不可控性，使企业面临着诸如业务数据泄露、用户敏感信息窃取等安全风险。

在这样的背景下，云联接可以在服装零售行业发挥重要作用，为企业提供网络连接、网络安全和性能优化的解决方案。

4.2.1　深入管理

为了对门店和专柜进行深入管理，大量的服饰零售企业正在尝试引入 SD-WAN

技术，以期进行技术革新，提升对门店和专柜的管控能力。云联接的 SD-WAN 边缘云网关集路由器、交换机、防火墙等角色于一身，加上其下接 POS 机、收银机、AP 设备、无线路由器等设备的能力，使其展现出独特的"承上启下"优势——不仅承担着门店与总部、门店与门店之间互相通信的任务，还满足了门店在简化网络架构的同时加强信息安全防护能力的要求。在深入管理方面，由于智能管控平台已经能够覆盖大量场景的实际需求，因此，足以适用于大多数服饰零售企业。不过，当遇到对管控力度要求更细致、更深入的场景时，智能管控平台也能够通过与 NPM（Network Performance Management，网络性能管理）技术、边缘计算理念的结合为企业提供可靠的支持。

当企业期望能够通过统一平台对网络进行整体管控（不仅包括企业的内部网络，还包括为企业提供网络访问服务的基础网络线路质量情况及企业可随时访问的互联网等），并获取网络质量的完整视图时，NPM 使企业实现这一期望成为可能。将 SD-WAN 边缘云网关作为网络出口，利用全部流量流经该网关的优势，结合 SD-WAN 中"All-in-One"的理念，以开放的标准化 API 接口实现与 NPM 的集成，完成对门店及总部网络设备、流量、故障、历史数据的深入管控，降低各门店或专柜的不同接入环境对网络整体性能造成的影响。

不过，NPM 的引入也意味着计算量的大幅增长，尤其是当近百家门店或专柜的流量全部涌入智能管控平台进行分析处理时，显然会对平台造成巨大的处理压力，甚至导致平台崩溃，带来潜在的安全隐患。由此，越来越多的企业正着手将各个节点生成的数据放在距离数据采集更近的边缘端处理，就近提供服务，避免信息集中处理带来过大压力，这就是边缘计算。

边缘计算是一种去中心化（分布式）的运算架构，通过在靠近数据源的位置存储、分析和处理数据，实现快捷且近乎实时的分析和响应，满足企业对业务开展、应用管理、安全防护等方面的要求，并使各个节点更容易被管理。信息处理、内容收集和交付将更靠近这些信息的源头、存储设备和消费者，业务效益进一步提升，尤其对于服饰零售企业而言，融合 NPM 和边缘计算的云联接服务能够方便地呈现各个网络接入点（即各个门店和专柜）的网络质量，在遇到故障时高效排障，并能实时获得流量信息，快速了解门店业务的开展情况，对门店进行深入管理。

4.2.2　快速扩张

一个无须进行复杂布置的商场柜台从装修到开业也许只需要一周的时间，但通常这一周内网络宽带还未准备就绪。如果提前进行网络准备，那么企业就需要承担额外的成本；如果没有提前准备，那么柜台便可能陷于虽然装修完毕但迟迟无法开展业务的窘境。在服装零售企业快速扩张的时期，时间在一定程度上也意味着收入。为了迅速开展业务，一台包含 4G 或 5G 模组的 SD-WAN 边缘云网关可以为柜台或门店搭建网络提供保障，它不仅能帮助服饰零售企业在新开张的柜台或门店内快速获得网络访问，还能将新开张的点位与企业整体的网络架构融为一体，这样总部能够轻松跟踪到新开点位的网络流量情况，从侧面了解业务开展状况。

提供 4G 或 5G 接入能力的边缘云网关赋予服饰零售门店更丰富的网络选择，同时也以更高的灵活性帮助企业实现线下门店业务的快速扩张。另外，由于边缘云网关部署开通十分简单，如同使用电脑一般顺畅——接通电源、接入网线、开机，确保设备正常运转即可。总部可以统一下发配置，对边缘云网关进行逐一管控。这不仅提升了网络服务开通的效率，也进一步降低了由人为因素导致出错的可能。

基于 4G 的边缘云网关与基于 4G 的平板或手机类似，在访问网络时同样面临着信号不稳定的问题，这种可能存在的不稳定性成为大多数企业 IT 管理团队的隐忧。不过，如今 5G 的发展很好地弥补了 4G 访问的短板。5G 技术的超大带宽、超低延迟与海量连接能力能够满足服饰零售门店绝大多数的业务场景。同时，5G 网络具备切片能力（Network Slicing），当 5G 与 SD-WAN 结合时，可以首先利用 SD-WAN 的应用识别能力对业务流量进行识别和分类，然后进行智能选路，比如电子收银直接从本地访问互联网，业务数据通过隧道传输至云端，实现更灵活的流量资源配置。对于

SD-WAN 与 5G 的结合应用，在本书 10.2 节会有更详细的介绍。

4.3　O2O 连锁餐饮

在 2020 年之前的几年里，对于连锁餐饮企业而言，发展 O2O 模式是大势所趋。不过为此投入技术创新成本和资源的主要目标是强化客群的数字化体验，提升效率，降低对成本控制的关注度。但在 2020 年，这一情况出现了转变，新冠疫情的暴发对连锁餐饮企业造成了巨大冲击，广大餐饮企业（尤其是中小企业）面临客源大幅减少、营业额持续下滑、资金链短缺等巨大挑战，企业开始高度重视成本的控制。相比技术应用创新，企业对技术所能产生的价值、对收入的促进，以及对成本的压缩作用更感兴趣。虽然数字化改造和降低成本没有直接联系，但它确实与提高 ROI（Return On Investment，投资回报率）的目标不谋而合，并与推动餐厅周边业务的需求息息相关[①]。

随着第三方服务商（如美团、饿了么、微信小程序等）在餐饮 O2O 业务流程中重要性的持续提升，对餐饮企业而言，建立并加深与客群之间的关系只会变得越来越重要。如何通过线上线下和数字渠道的融合来增加客群黏性成为企业在现今经营工作中关注的焦点。通过数字化手段增加餐饮企业与客群的触点，实现场景与物品、场景与人、场景与店面之间的联动，是不断在客群中强化品牌意识、提升客群忠诚度的关键。云联接使数字化触点持续"在线"。

4.3.1　持续在线

业内普遍认为，自 21 世纪开始，我国连锁餐饮业便进入了全面开拓和规模化发展的时期，主要体现在各种管理制度日益完善、品控日趋严格、经营及物流模式更加成熟等方面。根据《2020 年中国连锁餐饮行业发展概况及前景发展分析》[②]显示，国

---

① 树熊. 树熊数字门店：餐饮业何去何从，未来餐饮业趋势分析[EB/OL]. [2021-01-15].
② 阳芬. 智研咨询：2020 年中国连锁餐饮行业发展概况及发展前景分析[EB/OL]. [2021-06-01].

内餐饮企业的连锁化程度展现出逐年提升的趋势。2015—2020 年期间，我国餐饮行业连锁企业收入贡献比例有大幅增长，具有地区特色的餐饮企业正逐步开展跨地区经营。同时，由于受到 2020 年开始的疫情冲击，餐饮企业纷纷加速了连锁化的进程，以连锁经营的模式抵抗风险。根据美团披露的数据，2018—2020 年国内餐饮连锁化率分别为 12.8%、13.3% 和 15.0%，行业连锁化率逐年提升，特别是 2020 年一线城市的餐饮连锁化率突破了 20%[①]。

对于多家连锁餐饮企业而言，最重要的业务驱动力是什么？店面选址、菜单研制、品牌营销固然重要，但在当今信息化社会，业务的开展其实与数字化能力和网络构架密切相关。从前端的客群流量获取与门店内消费体验构建，到中端的企业内部管理与品牌形象建设，再到后端的供应链体系运营与企业服务支撑，都离不开数字化系统的支持。可以说，数字化能力为连锁餐饮企业的高速扩张和统一标准奠定了基础。

单体或小型餐饮企业一般将所有的数据只放在一个地方进行处理与管理（没有备份），这种模式使得当网络访问中断或网络故障发生时，仍可以通过多种应急措施加以应对。与这种单点数据集中、网络访问相对固定的情况相比，连锁企业分布广泛，所有数据的流通都依托于一张跨区域的企业"大网"。因此，当因单点故障导致网络不可用时，各环节不免陷入瘫痪。

- POS 系统：为了统一管理，连锁餐饮企业的 POS 系统必须与总部或数据中心进行交互。当没有网络访问或访问质量较差时，交易处理将变得极其困难。

- 提交订单：如果没有网络，前端产生的大量订单将很难与后厨进行联动处理。如今，几乎所有的餐厅都使用电子销售系统来处理订单，"扫码点餐"已经成为常态。当网络断开时，门店只能使用纸质菜单，这不仅会大大降低企业的运转速度，增加人为出错的风险，还会造成订单管理的中断，需要等待网络恢复后投入更多的精力进行订单补录与处理。

---

① 中国连锁经营协会.《2021 年中国连锁餐饮行业报告》正式发布[EB/OL]. [2021-11-25].

- 超时赔偿：外卖和对于便利性的需求重塑了餐厅运营流程。为了提高自身的竞争力，不少餐厅采用自行派送的方式开展外卖业务，并承诺"三十分钟必达""超时赔付"等。对于餐饮企业而言，网络中断不仅会导致业务无法正常进行、损失部分收益，还可能承受超时赔付的压力，面临更大的损失。

- 数据把控：如果分支机构在无法获取销售和库存数据的情况下继续运营，数据将无法统一对齐，企业也无法精准地跟进营销效果和资产情况，网络中断过程中导致的数据缺失或丢失可能会引发一连串的严重问题。对于餐饮企业而言，总部能够实时了解与把控正确的信息至关重要。这些数据信息不仅是企业经营状态的反映，更是企业累积经验、判断发展方向的参照，能够帮助企业做出准确而明智的决策。

在过去的十余年间，餐饮行业与其他行业一样，也在经历着数字化转型。伴随国内连锁餐饮行业集约化、规模化趋势的加速，企业扩张的速度已经远远超过其自身 IT 支撑系统的承载能力，尤其是"明厨亮灶"等物联网相关场景的逐步引入，使餐饮业务发展对 IT 系统的要求更加苛刻。

目前，餐饮行业主流的组网方式是通过自建 VPN 网络打通门店与总部之间的数据访问通道。虽然 VPN 解决了基本的连接问题，但在实际应用的过程中，企业却深受传输质量不够稳定、网络中存在单点故障、整体运维困难等一系列问题的困扰。同时，餐饮门店的 IT 预算一再缩减，连锁餐饮企业不可避免地面临着网络质量要求高与成本压缩难度大的冲突。SD-WAN 技术的出现，为连锁餐饮企业消除困扰、化解矛盾提供了新的思路。如图 4-5 就是云联接为某个连锁餐饮企业搭建高可靠网络架构的示例。

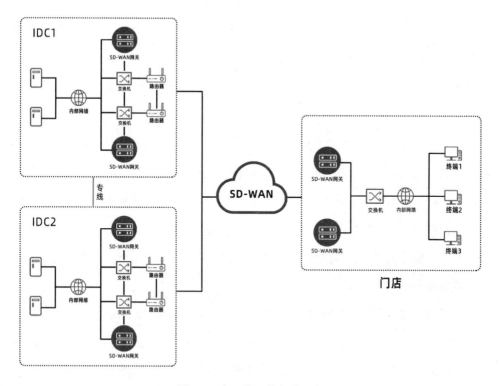

图 4-5　高可靠网络架构示例

　　为保障服务器的冗余性，连锁餐饮企业建立了一主一备的双 IDC 架构，两个 IDC 的服务器数据通过专线实时同步，确保主备 IDC 中的数据信息完全一致。每个门店与 IDC 中均部署 SD-WAN 边缘云网关，在每个门店与两个 IDC 之间构建数据传输隧道。当门店访问 IDC 时，可以在两条路径中进行自动判断与路径选择：当主备 IDC 均正常运转时，数据将被自动分流，分配在两条隧道中进行传输，以实现两条隧道的负载均衡，避免单一隧道产生流量压力过大的情况出现；而当某个 IDC 服务器出现故障时，SD-WAN 则可以将流量自动切换至另外一个 IDC，避免由于 IDC 故障导致数据流中断。

　　这个架构实现了 IDC 的冗余，但若设备出现故障，仍会导致业务的中断。因此，在网络架构基础之上，IDC 的设备采用集群方式进行部署，每个门店则采用双机热备的部署模式。门店侧再叠加线路冗余，即门店设备均采用固线、4G 的双上行链路接入。至此，设备与线路双冗余再为数据传输上一层"保险"，保障用户业务持续在线。

4.3.2　全面提速

在前文所提及的案例中，4G 线路具有其他几类线路类型所无法比拟的开通快速的优势。但自 2015 年 9 月起，为建立信誉体系，根据中华人民共和国工业和信息化部（简称工信部）要求，电信企业在通过各类实体营销渠道销售手机卡时，将要求用户出示本人身份证件，并当场在第二代身份证读卡器上进行验证；对非实名的电话卡老用户将继续采取限制通信、业务的管理措施①。这一调整对整顿 4G 卡市场而言十分关键，不过对于连锁餐饮企业的统一管理而言，却带来一定程度的不便，尤其是当企业人员流动较大时，每一张 4G 卡的实名登记不仅使企业难以对各个门店的卡片进行集中管控，而且随着人员的轮换更替，4G 卡也可能需要不断变动，造成了网络管理工作量和成本的持续增加。

为了应对这一问题，结合物联网卡的 SD-WAN 方案应运而生。物联网卡与普通 4G 卡的区别在于，物联网卡只能访问指定的物联网中心，每一张物联网卡的访问链路是可控的。因此，对于需要大量应用物联网卡构建网络的企业而言，一般只需要进行企业主体认证即可，由企业主体对卡进行统一管理。此外，物联网卡一般采用工业级材质，能够更好地适应高温、震动等特殊情景，卡片使用寿命更长久，也更加适用于移动餐车、餐饮零售亭等长时间暴露在户外的场合。

在一个典型场景中，某连锁饮品企业的业务覆盖全国，门店和移动餐车等售卖点的收银数据需要实时同步到位于数据中心的内部业务服务器；同时，门店电脑和打印设备之间的流量数据需要实现本地互访。对门店而言，虽然可以通过有线的方式进行网络接入，但移动餐车由于地域流动性，不具备安装固线的条件，必须使用无线接入的方式与企业网络互通互访。因此，云联接将物联网卡与 SD-WAN 技术相叠加，为该企业落地了切实可用的网络解决方案（如图 4-6 所示）。

---

① 通信保障局. 工业和信息化部、公安部、工商总局关于印发电话"黑卡"治理专项行动工作方案的通知[EB/OL]. [2015-01-09].

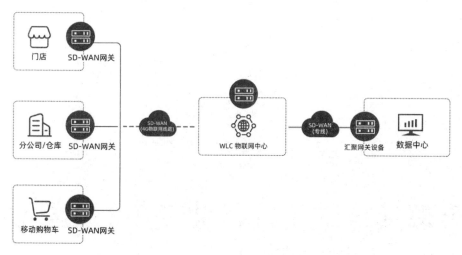

图 4-6　结合物联网卡与 SD-WAN 的云联接

在企业的移动餐车（或门店、分公司等各个分支节点中）、运营商物联网中心和数据中心机房各自部署一台 SD-WAN 边缘云网关，运营商物联网中心接入运营商骨干网专线，实现和数据中心机房 SD-WAN 边缘云网关的加密互联。在这一网络架构下，门店与移动购物车产生的所有流量都将被汇聚到统一的物联网卡中心，通过运营商核心骨干网专线访问数据中心的业务，确保业务数据在传输过程中不存在面向互联网的暴露面，并保障业务数据全程加密。电脑和打印设备则可通过有线或 Wi-Fi 接入的方式实现本地互访。灵活的网络构建方式使企业业务拓展全面提速，不再过多地受到地理位置因素的制约。

除了可以通过智能管控平台实现对各门店与移动购物车网络的统一管控，物联网卡还拥有卡服务平台，可以对所使用的全部物联网卡进行流量池管理、卡启用、卡停用、卡充值等一系列管理操作。为了便于统一管理，物联网卡服务平台可提供 API，实现在智能管控平台的统一呈现与管理，用户无须在不同的平台间进行切换。

通过上述改造，这一连锁饮品企业用户实现了基于物联网卡的网络连接全面提速，以及销售站点的快速扩张。基于物联网卡的网络构架使得企业整体的网络传输速率与网络访问质量均得到大幅提升，为连锁餐饮企业提供了与传统 VPN 组网方式不同的更加崭新的组网思路。

第 5 章

云联接推动工业行业变革的三要诀

面对工业领域日益激烈的竞争，传统企业"以人力和低价取胜"的生产模式已难以为继。长期以来，作为工业重要组成部分的制造业的完整价值链两端始终被国际龙头企业强势占据，国内企业缺乏定价权和利润空间，陷入"低端锁定""嵌入型依赖"的窘境①。越是涉及高新技术，国内的制造业企业越可能通过从事加工装配等下游环节参与国际分工。为了突破制造业发展的桎梏，企业必须实现产业基础高级化和产业链现代化，重建核心竞争力，走出一条破局之路。

早在 2002 年，党的十六大就提出了"以信息化带动工业化，以工业化促进信息化"的口号，首次提出两化融合概念。之后两化融合概念不断深化，内涵不断丰富，在《"十四五"信息化和工业化深度融合发展规划》中提出，到 2025 年，信息化和工业化在更广范围、更深程度、更高水平上实现融合发展。在这个过程中，"网络化协同"是必不可少的信息化新模式，而云联接将以其安、稳、易等特性，帮助工业企业

---

① 郝凤霞，张璘. 低端锁定对全球价值链中本土产业升级的影响[J]. 科研管理，2016 (S1): 131-141.

达成跨设备、跨系统、跨厂区、跨地区的互联互通，成为适用于推进工业信息化转型升级的高可靠基座。

5.1　工业行业分析

进入千禧年以来，工业领域的国际竞争日益激烈，外部环境正在发生深刻变革。作为工业重要组成部分的制造业，我国的传统优势在于低成本劳动力，但随着时代的发展，我国劳动力人口逐渐减少（如图 5-1 所示），企业用工成本持续上升（如图 5-2 所示），曾经的优势正受到东南亚、南亚部分国家的侵蚀。根据国家统计局公开数据，2013 年，中国第二产业占国内生产总值比重为 44.2%，其后呈连年下降趋势，至 2020 年，已跌至 37.8%。中国的工业行业在全球市场正面临着更严峻的竞争局势。

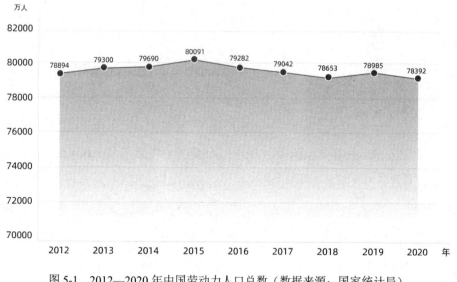

图 5-1　2012—2020 年中国劳动力人口总数（数据来源：国家统计局）

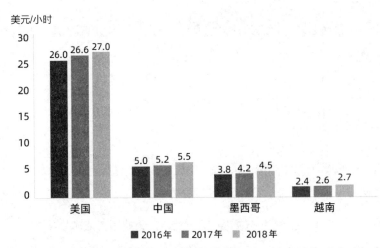

图 5-2 中国、墨西哥、越南制造业劳动力成本对比（数据来源：亿欧智库）

工业发展是国家其他产业发展的重要基础，而制造业则在推动国家工业发展方面起着举足轻重的作用。制造业作为我国国民经济的中流砥柱，体量大、前景广，是中国经济社会发展的驱动核心①，是立国之本、兴国之器、强国之基，在国民经济发展中具有不可替代的主导作用。

在这百年未有之大变局中，国家在政策层面积极引导制造企业转型升级，促进制造业向高端化、智能化、绿色化方向发展。新技术的发展正在推动工业向新时代迈进，美国的工业互联网、德国工业 4.0 等战略的发布说明制造业转型升级的新机遇已经到来。随着国家"制造强国"战略和"1+X"规划体系的相继出台，我国的智能制造政策体系日益完善。政府在全国范围内推动智能制造，各地也相继出台相关政策文件，为制造企业的智能化改造提供全方位、有力的支持。智能制造核心技术包括物联网（IoT）、云计算、大数据分析等领域，它们的运用将为制造业转型升级提供强大的推动力，促使制造业实现由"制造"向"智造"的跨越。

传统工业网络正在向扁平化架构演进。如今，越来越多的工厂内设备开始接入工业专网，通过互联网实现互相通信和跨区域数据传输。这种工业网络的演进，不仅是

---

① 徐迎雪，张龙. 赛迪：2019 中国智能制造发展白皮书[R]. 2019-12-13。

一种技术的升级，更是工业智能化和数字化转型的必然趋势。工厂内的各类设备，从生产线上的机器人，到生产过程中的传感器和计量器，都可以通过物联网互相连接，实现数据的实时监控和分析。这样，企业能更加精准地掌握生产过程中的数据和信息。通过获取来自工厂车间的实时反馈和警报，结合大数据分析与建模，企业既能简化生产流程，以提高生产效率、降低生产成本；又能通过整合供应链、生产、销售等环节的数据，实现全流程优化和协同，提高制造业的效率和灵活性。

与此同时，该领域的云采用率也在不断上升，这主要是由于基于云技术的可用性提高了制造系统、办公室生产力和 CRM 系统等方面的运转效率。企业可以根据自身需求，灵活调整云资源的使用，实现全球范围内的数据共享和协同。

在制造业智能化改造过程中，不同层级的数字化配合至关重要。在此背景下，需要结合操作级的业务数据与运行级的生产过程数据，以构建企业决策的基础。物联网、云和大数据等技术确实能推动制造业数字化转型，但是要使这些技术成功应用，网络底座建设至关重要。企业网络应具有强大的体系结构，该体系结构能实时传输工厂车间物联网设备生成的大量数据，保障核心业务的传输质量，并具有强冗余性与健壮性。同时，工业终端数量众多，还需要考虑管理和维护问题。诸多因素汇总之下，制造业企业各机构、工厂及云端都面临着不同于以往的网络互联和网络安全挑战。

云联接作为新一代广域网技术，将为推动工业变革贡献巨大力量。在笔者的过往经验中，也有不乏通过云联接为工业客户转型路上添砖加瓦的项目经历。

5.2　业内典型客户与其变革要诀

随着工业互联网的发展，物联网已经迅速成为当今最具变革的技术创新之一。IoT设备和技术在制造领域的应用正成为一项新的操作规范，利用各种 IoT 传感器、照相机和其他设备的好处不胜枚举。制造业企业迫切拥抱物联网非常容易理解，但是要充分发挥物联网的潜力，制造商需要拥有功能和灵活性足够强的广域网来满足未来的需求。

云联接软件定义的特性提供了媲美于定制化的能力，它使制造部门的 IT 和网络管理员能够定制和创建符合实际的、独特的网络流量管理策略。通过策略路由、QoS 等能力确保高优先级的数据包通过质量最佳的网络路径。除此之外，云联接将控制平面与转发平面分离，简化了网络策略的配置和管理，从而提供了更强的灵活性。

任何网络技术在制造行业的应用都有一个关键要求，那就是简化网络设计，提高网络的安全性。IT 管理人员经常使用网络分块作为分离各个产品线子网的方法，从而提供更强的安全性和更高的性能。云联接通过细粒度的策略设置，不仅可以将信息分割成小块，还可以在不使用外部机制或补充协议的情况下将信息传输到特定网络的其他部分，从而减少风险，消除不必要的连接。针对传输本身的安全，由于物联网设备产生的海量数据将成为恶意黑客窃取私有或个人数据的主要目标，而云联接能够确保所有独立的通信流都经过加密，以防止未经授权的访问，也为传统网络问题提供了安全增强解决方案。

最后针对管理运维，云联接能够向网络管理员提供更高层次的网络可视性，从而能够管理这些新的端点，并主动对物联网关键设备的流量进行优先级排序，以确保实现最优的网络质量。

下面将通过几个案例，展现云联接在不同方面为制造业企业网络赋能。

5.2.1 安——云联接为大型汽车工业企业构建坚实的安全能力

典型的工业互联网场景一般由数据采集控制模块、数据传输模块，以及云端大数据平台构成。在理想情况下，数据采集控制模块收集数据后，通过传输通道传输至云端大数据平台。云端大数据平台经过数据分析后，生成相应的策略或决策，并自动下发给数据采集控制模块，使生产线的设备参数进行相应的调整，自动实现产量的提高，减少能源的浪费。

然而在实际使用场景中，对数据传输安全性的顾虑，特别是对下发通道传输安全性是否足够的担忧，使得整个流程并不能形成完整的闭环。网络的高度分散同时带来了更多的攻击面。部分工业企业面对智能制造还处于"不懂、不愿、不敢"的状态，其中有个重要原因是担心数据安全问题，担心核心机密泄露。若下发数据被拦截，或被篡改，将有可能造成严重后果。如 2018 年 8 月，台湾半导体制造巨头台积电的 12 寸晶圆厂和营运总部的网络遭到病毒攻击。仅数小时之后，位于台中科学园区的 Fab 15 厂和台南科学园区的 Fab 14 厂也相继遭到了病毒攻击。这场病毒攻击导致台积电在台湾北部、中部、南部三处重要生产基地的核心工厂悉数沦陷，所有的生产线全部停摆，造成的直接经济损失折合人民币约 19 亿元[①]。正是因为有这样的前车之鉴，很多企业"阉割"了流程，只监测，不管控。

相比于传统网络安全，工业互联网连接范围更广，安全防护对象更多，安全场景更丰富。网络安全和生产安全交织，网络世界威胁将延伸至物理世界，安全事件危害更严重。要避免这一问题，保障传输过程中的数据安全是重要环节。

云联接可以为工业企业构建坚实的传输安全能力。云联接的终端形态多样，除了常见的边缘云网关，还有可植入数据采集控制模块的 SDK（Software Development Kit，软件开发工具包）形式，以实现其在工业行业内的大范围使用。

在某大型汽车工业企业的智慧工厂建设项目中，云联接作为工业数字底座为其搭建了稳定、安全的网络体系。如图 5-3 所示，在大数据平台前端部署 SD-WAN 边缘云网关，SDK 嵌入于数据采集及控制模块，并随之自启，自动建立至 SD-WAN 边缘云网关的通道。传输通道采用国家商用密码算法进行加密，从而保证数据传输的端到端安全。

---

① 罗晓明. 工控系统的网络安全等级保护研究报告[J]. 数字化用户，2019，025(046):66-70.

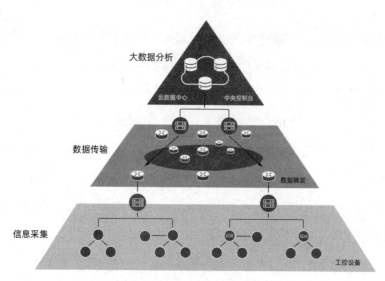

图 5-3　工业互联网三层架构示意图

随着工业企业网络规模爆发式增长，仅依靠传输安全已不足以保证整体的安全。因而在此场景下，云联接在 SD-WAN 基础架构之上叠加了"零信任"理念：假定不存在网络"内部"，所有设备以及终端都不值得信任，每个连接与访问请求都需要身份验证和授权，并且为每次连接都记录完整的日志与行为。

零信任体系结构在 2010 年由时任 Forrester Research 公司主要分析师的 John Kindervag 提出，是一个包含多方面内容的安全框架，承诺有效保护企业关键资产和数据。其基本原则包括以下三项。

- 验证和加密所有资源，确保安全访问。
- 采用"最低权限"和"默认拒绝"策略，限制并严格控制对网络的访问。
- 监测并记录所有网络流量以识别恶意活动。

在零信任架构中，是基于访问者的身份提供访问权限的，因此 IAP（Identity-Aware Proxy，身份识别代理）非常重要，它能通过访问请求方的上下文信息确定其身份合法性，包括但不限于 IP 地址、MAC 地址、地理位置、访问时间等。

因此，在这个场景中，无论是采集数据上传至大数据平台，还是大数据平台下发控制指令至末端控制模块，均在 IAP 身份认证完成之后。叠加了零信任的云联接所提供的安全性超越了传统的"防御层式"安全，使整个业务流行成数据收集、数据分析、策略下发的完整闭环。

5.2.2　易——云联接为大型跨国化工企业简化网络升级方式

很多传统制造业的分支机构，特别是较为小型的分支机构，由于 IT 预算限制或运维能力不足，没有能力构建专网，因此，总部应用不得不开放公网权限以让这类分支机构也能访问总部应用。然而，公网传输无法满足全国乃至全球的分支机构稳定访问、高速互联的需求，更存在着巨大的安全隐患。而较为大型的分支机构，虽然连接了 MPLS 或 MSTP 专网，但往往没有备线。一旦网络中断，只能被动等待运营商修复线路，在此期间影响业务开展。

云联接能提供多种安全互联的方式，帮助制造业企业实现真正意义上的网络高可用。下面就是云联接在某大型跨国化工企业中的应用，如图 5-4 所示。

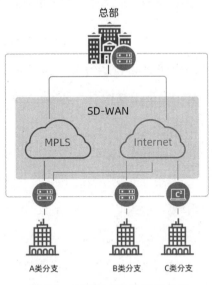

图 5-4　多线路安全互联拓扑图

针对大型分支机构，在继续使用原专网的基础上，利用云联接基于互联网建立端到端加密隧道，作为原专线的备线。当专线发生故障时，自动切换至备用线路，保障业务的持续开展。若互联网线路质量尚佳，当专线承载流量较大以致发生拥堵时，可将非核心业务的线路流量自动调度至互联网线路，从而减轻专线压力，实现负载均衡。

针对中小型分支机构，可直接使用 SD-WAN 边缘云网关替代原 VPN 设备建立加密隧道，采用互联网宽带、4G 或 5G 线路双上行的方式，两条链路互为备份。相较于传统 VPN，云联接叠加了诸如 FEC、BBR 等多种广域网优化能力，保障了互联网条件下的线路质量，其优势更明显。

针对无法部署 SD-WAN 边缘云网关的分支机构，云联接则为员工提供远程接入客户端，用以接入总部的边缘云网关，从而方便地访问内部应用。对于客户端接入方式而言，其安全性和传输质量与部署设备是一致的。

启用云联接后，企业总部可以关闭所有应用的公网访问入口，提高网络整体的安全性。

5.2.3 稳——云联接为大型包装材料生产企业筑牢传输根基

大型制造企业往往会建设多个工厂，负责不同产品或不同工艺的生产制造，同时需要生产、物流、管理和维护等各个环节的工作高效协同，以保证生产效率和运营效率。因此，工厂之间通信的稳定性与持续性不可或缺。下面就是云联接为某个制造企业工厂"恢复"网络的一个案例。

某企业隶属于某跨国集团，是世界领先的包装材料生产制造商。其在某一线城市建有两所工厂，一厂与二厂之间通过主备两条光纤组成二层网络。由于市政施工，该企业主光纤被挖断，且难以恢复。企业工厂是 24 小时不间断运营制，二厂生产线的主机需要和一厂的服务器进行实时的业务通信。因此，企业特别强调所有链路的高可用，来确保业务的连续性。虽然两座工厂之间暂时仍能通过备用光纤进行业务通信，但原先的冗余架构已被破坏，存在着巨大的网络中断隐患。客户急切地希望寻找解决方案，既能恢复原来的冗余架构，还能满足关键数据的高性能传输。同时，由于客户的网络运维团队精简，要求部署时不能改动原有的网络拓扑，并且运维要足够简单，不增加额外的工作负担。

　　主光纤恢复的时间已经难以预计。时间紧，任务重。在进行技术交流之后，IT 负责人很快决定采用云联接来构建新的稳定的网络。将原备用光纤作为主用光纤，使用互联网结合 SD-WAN 的方式代替原来昂贵的裸光纤作为备线，且支持自动切换（如图 5-5 所示）。由于原网络架构为大二层网络，为保证网络体验一致，云联接上线后，两座工厂之间仍然构建大二层网络架构，保障传输持续进行，同时建设智能管控平台，在传输之外提供了可视化运维的附加价值。

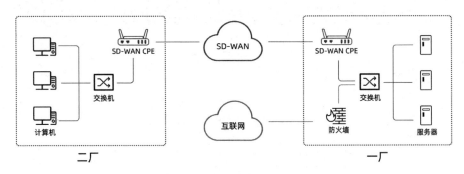

图 5-5　基于云联接构建大二层网络

第6章

云联接推动政府机构科技变革的
关键点

"互联网+"正在改变着传统的政务服务方式,致力于让群众办事更便利、更省时。因此,我国各地政府纷纷推动"互联网+政务服务"平台建设,并逐渐实现群众办事从"找多个部门"到"找政务服务中心"的转变,从"来回多次",到"最多跑一次",甚至是"一次都不跑"的转变。作为新常态下电子政务发展的创新模式,"互联网+政务"的本质是指以政务服务平台为基础,以实现智慧政府为目标,运用互联网技术、互联网思维与互联网精神,构建集约化、高效化、透明化的政府治理与运行模式,向社会提供新模式、新境界、新治理结构下的管理和政务服务产品①。

随着越来越多在线应用系统的启用,政府机构在提高办公效率和业务水平方面取得了显著的进展。但原有的网络系统也逐渐显得捉襟见肘:网络专线带宽压力越来越大,政府机构人员反映工作繁忙时应用卡顿等。可能存在的困扰包括但不限于以下几

---

① 邓北美. 探索"互联网+政务服务"新模式[EB/OL]. [2016-04-26].

方面。

- 基础设施方面，政府机构与各社区服务中心、办事大厅等分支连接量大，专线费用高昂，所以专线带宽普遍较小。
- 政务网中包含了数量众多的业务应用系统，其中有核心业务、常用业务，也有非核心业务。有可能出现非核心业务占用较大带宽，从而导致了重要业务无法开展。
- 用专线搭建的政府机构内网承载了日常业务数据，数据来源于同样的系统用户，基于相似的工作模式，导致网络中充斥了大量的冗余数据。
- 政府机构之间业务交互数据量不断增加，并且交互频率也大大提升。除了网络负担，这给应用系统性能也会造成巨大压力。

因此，政府部门迫切需要一个切实有效的网络与应用方案，实现政务网整体质量的提升，确保政务网能够持续为人民群众服务。云联接在现有基础网络之上，引入 SD-WAN 技术能力，可从以下几个方面有效解决面临的挑战。

6.1　关键点 1：实时管控，透明呈现

云联接首要实现的是对应用的实时管控与呈现，即通过对核心应用进行保障与灵活的负载均衡调度等能力，保证应用的访问质量。同时建立统一的管理平台，全面呈现并管理网络与应用的运行状况。

接下来将对以下三方面进行详细阐述。

6.1.1　核心应用保障

由于网络带宽资源相对于海量数据的稀缺性，网络拥塞在所难免，尤其是在业务高峰时期。在传统的传输网络中，传输模式基于"Best-effort（尽力而为）"原则建立，所有的数据流公平地共享网络资源，也即允许应用"抢占"带宽，先占先得。后来，

传统路由交换厂商推出了专用 QoS 设备，主要通过"染色"与队列处理的方式，对网络数据包进行标记或分类，不同的流量由对应优先级队列转发，实现方式较为固定。而 SD-WAN 的"软件定义"的特性，赋予了 QoS 更灵活、更便捷的特性。

打个比方来说，传统 QoS 的机制好比在高速公路上驾驶汽车，车道分为小型车用、客车用、大货车用等种类，各类车辆按道行驶。车流量大时，小汽车在小型车用车道行驶，避免陷入缓慢的大货车用车道，可以较快速地通过。同时保留一条应急通道，以供不时之需，如：当有计划外优先级较高的需求（使用少但紧急的道路救援车等）时，可以在发生网络拥塞时保证特殊流量的畅通。

云联接的 QoS 机制则更灵活，可以划分车道，如快速车道仅限小型车行驶，大型车只能行驶在大型车车道上；也可以通过设定灵活的策略，以实现资源的最大化使用，如在早高峰与晚高峰限行，或根据车型自动提示最优车道。更重要的是，云联接可以通过集中的控制平面对整个网络进行管理和配置。这使得管理员能够以集中化的方式定义和调整 QoS 策略，而无须逐个配置网络中的每个路由器。这种可编程性使得 QoS 的配置更加灵活和高效。

基于云联接的 QoS 机制，可以实现对政务网中关键应用的质量保障。如设置常规优先级策略后，设定办公高峰期，保障核心业务应用的带宽占到总带宽的50%，同时限制非核心业务应用的占用带宽在总带宽的10%以下。

6.1.2 负载均衡调度

除了根据设定的 QoS 规则来保障核心业务传输，云联接还能通过动态负载均衡的方式，更灵活地对业务流量进行调度。我们常说的负载均衡多指服务器主体的负载均衡，意指将负载（工作任务）进行平衡、分摊到多个操作单元上运行，协同完成任务。

类似地，在网络传输层的负载均衡，即将流量平衡、分摊到多条链路上进行传输。云联接基于基础线路资源池建立多条虚拟链路，并能在多个网络链路之间均衡地分配和管理流量负载，实现多链路并发使用。云联接的负载均衡不仅仅基于链路的带宽利用率，还关注应用类型、服务质量，以便将流量分配至最合适的链路上。除此之外，云联接的负载均衡还支持会话保持，当一个会话或连接被分配到特定的链路上时，云联接会确保该会话的所有数据包都通过相同的链路进行传输，以避免数据包的乱序和丢失，这对于要求连接保持稳定性的应用尤为重要。

云联接的负载均衡能够最大化利用可用的带宽资源，提高网络的可用性和性能。它可以根据实时的网络状况和应用需求，智能地将流量分配到最佳链路上，避免链路拥塞和性能瓶颈，从而为用户提供更好的网络体验。

6.1.3　全网统一管理

全网统一管理是电子政务网稳定运行的必要条件，有助于提高电子政务网的运行效率，提升电子政务服务的可靠性，为政务信息的传输和处理提供保障。为确保政务信息网全网设备的运维质量，有必要建立统一的管理平台，保障网络与应用运行可靠。值得注意的是，此处的全网统一管理不仅指网络管理，还包括对应用系统的管理。网络归根结底是为应用服务的。然而，有时即使网络正常运行，应用程序的访问也可能出现问题。这些问题也许源于应用程序本身、服务器负载、第三方服务故障或客户端问题，需要综合排查和处理。

因此，将云联接的边界延展，在管理平台上，除了对 SD-WAN 设备、网络链路进行监测与管理，还需要展现应用运行的状态，深入到应用的各个组件。当异常出现时，管理平台可帮助运维人员快速定位是网络问题、应用的数据库问题，还是代码运行问题等。

当然，要建立一个能够持续地为人民群众服务的政务网，不能仅依靠云联接。除上文所提及的内容外，实现不同行业、不同部门之间的受控互访和隔离，以及合法用户的认证和管理等，都是政务网不可或缺的能力。各种技术能力的有机结合，将不断提升政务网建设能力，让人民群众获得绿色、协同、高效的一网通办服务，以及更优质的服务体验。

6.2 关键点 2：化繁为简，平台"归一"

移动接入也许不是 SD-WAN 所必须具备的能力，但在政企行业中却非常重要。随着数据中心的整合工作在有条不紊地推进，全面统一现有办公资源，打造覆盖各级机构的电子政务平台，提升政务办公自动化水平，实现数据集中化，已经是不可阻挡的趋势，而这必然带来终端用户安全接入的挑战。在此背景下，移动办公也逐步进入了政企行业："提升办公灵活性，全面开启移动政务办公"。因此，建立一个跨多平台、统一入口的安全访问通道至关重要。

在政务网边缘部署 SD-WAN 边缘云网关，可建立政府内工作人员电脑或手机至政务内网的加密传输通道，确保工作人员可在有网络接入的情况下随时随地处理工作。政务云中包含大量敏感政府数据和涉及国家安全的信息，因此，安全性至关重要，云联接通过以下能力形成多重保障。

1. 国密加持

作为信息安全的基础，现有基于 RSA1024 的国际通用密码体系已不能满足当前和未来应用的安全需求。2020 年 1 月，《中华人民共和国密码法》正式施行，意味着国产密码算法和相对应的产品将成为各级政府机关网站和应用的安全标配。对于国密算法，在 8.2.1 节将有更详细的阐述。

2. 零信任访问控制

采用零信任模型增加对政务云环境的安全防护，能有效防止未经授权的访问和数据泄露，这主要体现在以下方面。

- 身份验证和访问控制：应用零信任原则进行身份验证，确保只有经过验证的用户和设备可以访问敏感数据和应用。这可以通过采用多因素身份验证、单点登录（SSO）、访问策略和权限管理等方式实现。

- 内部和外部网络隔离：将网络内部和外部均视为不可信任的环境，对网络通信进行严格的隔离和访问控制。云联接根据用户的身份、设备的安全状态、访问的上下文等因素，按照不同工作人员的访问权限对政务云中的资源进行动态的、细粒度的访问控制，在收到访问请求后匹配相应的访问路径。

- 实时监测和审计：SD-WAN 边缘云网关启用实时监测和审计功能，收集和分析系统和应用程序生成的日志数据，检测异常活动、安全事件和潜在的威胁，对异常访问行为及时告警并做出应对。

3. 安全浏览器

政务专用的统一浏览器只能用于访问政务系统，不能用于其他互联网访问。浏览器中的每一个标签页都是一个沙箱（sandbox），防止"恶意软件破坏用户系统"或"利用标签页影响其他标签页"，以及浏览器被注入病毒或木马而感染业务服务器，从而提供了安全的浏览环境。提供浏览器管理工具，针对政务系统中的各种应用控件、插件进行统一管理，无须用户自行下载安装，提升了用户体验。

通过一系列技术，云联接实现了统一访问入口、跨多平台的访问管理能力，从而可以多维度保证安全。

6.3　关键点 3：强化保护，双倍可靠

网络技术在政府、行政事业单位中已基本实现了全面普及，对于提高行政事业单位工作效率有着积极的推动作用。但值得注意的是，互联网是面向大众的一个平台，即使是行政事业单位网络，同样也有可能受到入侵者的攻击，出现数据信息泄露、篡改，甚至网络瘫痪的现象。也正因如此，网络安全等级保护 2.0 规范（简称等保 2.0）也在政府、企事业单位中持续得到推进和落地。

然而，对于行政级别较低的单位，如县级及以下的行政单位，等保 2.0 在实际落地过程中困难重重。首先，是否有充足的 IT 资金进行安全网络体系建设就是一个问题，特别是若想搭建完备的网络安全体系，需要涉及安全防护、应用控制、安全策略优化、入侵防御等多种安全设备。其次，即使采购了安全设备，还需要专业的技术运

维人员进行管理与维护，行政单位 IT 管理负担急剧增加，也阻碍了实际落地的步伐。

基于以上需求，基础运营商为企事业单位推出了一站式的企业云安全防护 SASE（Secure Access Service Edge，安全访问服务边缘）解决方案及管家服务（如图 6-1 所示），让企业有实力防御外部的恶意入侵，为企业提供云时代的安全防护。

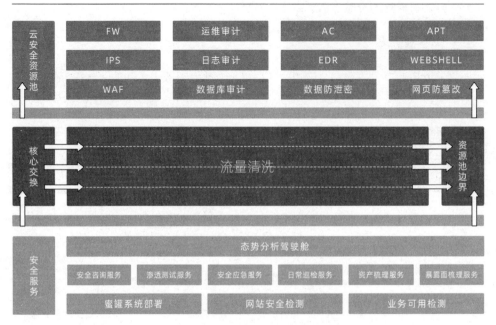

图 6-1　某运营商云安全防护服务平台

SASE 是知名咨询机构 Gartner 在 2019 年提出的一种新兴服务，它将广域网与网络安全（如 SWG、CASB、FWaaS、ZTNA）结合起来，来满足数字化企业的动态安全访问需求。在基础运营商为企事业单位提供的 SASE 解决方案中，上网流量先被传输至云端的云安全资源池，访问外部资源才可以进行；从外部向内访问的流量也先被传输到云端的云安全资源池，再进入内部网络。云安全池可提供入侵防御、防恶意扫描、安全审计等多项安全服务。

上述方案为企事业单位提供了性价比非常高的安全服务，但在实际落地过程中，流量的传输环节仍存在着问题：若额外拉取专线至云安全资源池，由于所需带宽较大，则用户成本较高，难以接受；若基于互联网实现，通过大网引流至云安全资源池，则需要运营商进行大网改造，影响面较广，且时间不可控。

云联接则将这缺失的一环完美闭合。

如图 6-2 所示，云联接可直接复用用户已有的基础线路资源，而 SD-WAN 边缘云网关的透明部署能力则使得整个上线过程简洁、迅速。普通网络进行调整改造时需要将大量策略逐一调整，改动范围广，整体的改动进度、对现网使用状况的影响难以把控，常造成网络中断，对业务造成影响。但边缘云网关上线时，用户无须进行大面积的、复杂的网络架构改动。它灵活、快速的部署方式能够避免对用户原有网络关键路由节点的配置进行大量调整。

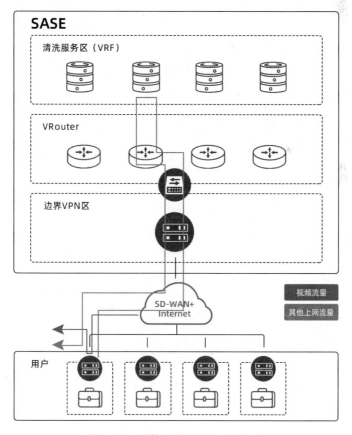

图 6-2　云联接完善 SASE 解决方案

另外，用户对新增传输设备的担心之一是，若它发生故障，是否会导致办公室网络均不可用。透明部署下的 Bypass 机制则消除了这种隐忧。当边缘云网关发生故障时，Bypass 状态自动开启，确保数据流传输链完整、无中断。

通过将云联接纳入 SASE 解决方案中，还能解决普通网络隧道质量不稳定的困扰。云联接的广域网优化技术提供了更高、更快、更稳定的数据访问连接，更贴合用户的高性能传输效果的实际需求。

结合云联接后，SASE 解决方案在企事业单位的部署效率、线路质量、网络开销优化等方面均有显著提升。

第一，线路质量提升 150%。使用云联接后，最终用户访问网络的稳定性、安全性、联通性均得到明显提升，运营商投诉率显著下降。

第二，可视化程度提升 100%。在将云联接纳入 SASE 平台之前，运营商对于平台中的资源分布情况、链路使用情况无法做到透明、实时、完整的监测。此外，普通网络线路质量不佳，并且难以进行流量的分析和引流。SASE 平台建设完成后，可视化方面实现从无到有的突破。企事业单位内部的网络流量均能被合理分流及实时监管，智能管控平台大屏详细展现各个线路与节点的运行情况，运维效率提高。

第三，部署效率提升 200%。在将云联接纳入 SASE 平台之前，网络部署需要按照传统的方案进行各个节点策略的修改与统一，不仅步骤复杂、部署任务繁重，而且人力与时间的投入也较大，导致业务无法灵活上线，这也是解决方案难以大规模推广的原因之一。运用云联接实现虚拟传输信道的构建，在最终用户处仅需将边缘云网关串接入网，上下联网络设备不需要修改任何配置，对于网络的改动被压缩至极小，部署迅速，业务可实现敏捷上线。

第四，对于最终用户，运维开销降低 50%以上。与原先使用一条上网线路直接访问互联网相比，运用云联接接入 SASE 平台后再进行访问，不仅可以帮助企业免去线路不断扩容的成本，更可以帮助企业免除使用互联网线路访问时为强化安全不断叠加的安全管控软硬件成本。一站式解决方案彻底解决了网络安全建设与维护的困扰，IT

运维人员可以将精力更加聚焦于业务本身。

　　事实上，SD-WAN 和 SASE 之间的关系本就是相辅相成的。SD-WAN 提供了灵活的网络连接和优化功能，而 SASE 则在 SD-WAN 的基础上添加了强大的网络安全性能。SD-WAN 和 SASE 可以结合使用，以建立安全的边缘连接，并在全球范围内提供统一的网络和安全策略。SD-WAN 作为网络连接层，将流量引导到 SASE 的安全边缘，以进行高级威胁检测、数据保护和访问控制。对于 SD-WAN 与 SASE 的关系，在第 8 章会有更详细的阐述。

第 7 章

SD-WAN 更广阔的应用场景

第 3~6 章介绍了源自 SD-WAN 的云联接在不同行业的应用及所体现出的独特优势。跳出具体行业之外，我们仍能从宏观的视角探索出 SD-WAN 更广阔的使用场景。对此，本章从底层链路类型的维度出发进行阐述。

在前文中我们已经提及，SD-WAN 的核心能力之一便是将云进行连接。因此，本章将从"上云"开始介绍。

7.1 SD-WAN 与"上云"

IBM 将云计算定义为通过互联网按需访问计算资源，包括应用程序、服务器（物理服务器和虚拟服务器）、数据存储设备、开发工具、网络功能等。这些计算资源托管在一个由云服务提供商管理的远程数据中心。因此，云计算是以数据为中心的一种数据密集型的超级计算，在数据存储、数据管理、编程模式、并发控制、系统管理等方面具有自身独特的技术能力[①]。云计算的出现，改变了信息服务的提供方式。"云"不是单独的服务，而是服务的集合，这个集合可以随时获取、随时扩张或缩小、按需使用。云计算实质上是计算虚拟化、存储虚拟化、传输虚拟化的结合，它能以前所未有的规模为使用者提供 IT 服务。

"政务云""电商云""工业云"等纷纷出现。当众多行业搭上云计算快车后，人们对"云上经济"已不再陌生。企业上云是指将企业的业务、数据和应用程序迁移至云计算平台，通过云服务提供商提供的虚拟化和弹性资源，实现存储、计算、网络等基础设施的托管和管理。这样的迁移可以带来诸多好处，包括降低信息化建设成本、提高灵活性和可扩展性、增强安全性、优化运营管理流程等，使企业能够更高效地利用云技术获取数字化能力，支持业务发展和创新。

全球云计算领域正处于活跃创新的阶段，持续涌现出许多令人兴奋的发展成果，如容器技术、无服务器计算、人工智能和机器学习的结合等。同时，我国云计算发展也进入应用普及阶段。在政策推动和牵引下，我国企业对上云重要性和紧迫性的认知也日渐深化，云服务对实体经济发展的覆盖面不断拓展，渗透性不断增强[②]。越来越多的企业已经开始采用云计算技术部署信息系统。云计算作为一种新兴的模式出现，为企业提供了灵活、高效、安全和创新的 IT 基础设施和服务。云计算不仅颠覆了传统 IT 行业的构架，更加速了传统行业的交付创新。

特别地，云计算对于中小企业的意义远不止于技术层面。中小企业通常受限于有限的资金和资源，难以承担昂贵的硬件设备和 IT 基础设施建设费用；业务需求可能存在较大的波动性，难以预测和规划资源的需求。云计算提供按需付费的模式和弹性扩展的能力，允许企业根据业务需求快速增加或减少计算和存储资源，避免了大规模的前期投资。这样的模式降低了企业的运营成本，使得它们能够专注于核心业务而不

---

① 张东波. 基于云计算的交通状态感知与诱导技术研究[D]. 广州：华南理工大学，2018.
② 前瞻产业研究院. 2019 年中国企业上云行业市场现状及发展趋势分析 混合云成大型企业上云用云新趋势[EB/OL]. [2020-01-17].

必过多地关注 IT 基础设施的建设和维护。因此，中小企业可以通过上云以较低成本获取大型企业才能使用的 IT 专业化资源与服务，以平台化、开放式的发展模式加快弥补基础与关键技术短板，借助云技术快速实现业务和管理效率升级，提升竞争力和社会经济效益。

随着云时代的到来，市场上出现了一大批提供不同服务的云服务提供商，我国云服务市场持续呈现出高速发展态势。据 IDC 的 2021 年数据统计，未来 5 年，中国公有云市场会以复合增长率30.9%继续高速增长，预计到2026年，市场规模将达到1057.6亿美元，中国公有云服务市场的全球占比将从 2021 年的 6.7%提升为 9.9%[①]。当"计算"与"存储"的虚拟化发展进入成熟期时，传统的专线传输方式却成为企业"上云"的绊脚石。

7.1.1　专线场景难以迁移"上云"

受国内合规监管趋严的背景影响，除基础电信运营商外，其他国内云服务提供商大多不直接提供上云物理专线，而是要求客户自行采购基础线路接入云服务提供商侧，云服务提供商仅负责提供上云接入点的交换机端口及合规资质审核。这个过程一般分为以下三步。

- 向云服务提供商申请专线端口及接入点。
- 向基础运营商申请物理专线。
- 物理专线进机房，完成施工交付。

这并不是简单地"用三个步骤把大象放进冰箱"，每一步都存在着潜在的风险点[②]，如表 7-1 所示。

---

① WANG, LIU, XIE. IDC: 2021 下半年, 中国公有云市场开启稳健增长新模式[EB/OL]. [2022-05-16].
② 程烨. 传统专线上云将被新兴 SD-WAN 上云替代？从物理专线连接上云的"坑"说起 [EB/OL]. [2020-04-26].

表 7-1 安装步骤与风险

步　骤	潜在风险	风险影响
向云服务提供商申请专线端口及接入点	云服务提供商专线接入机房覆盖有限，基本上部署在各自服务开通区域所在的城市。意味着专线可能需要长距离跨域接入	影响一些要求超低时延、高敏感的应用上云
	云服务提供商侧上云连接的逻辑资源数据，大多不能直接在云服务提供商官网上查到，无法获知第一手信息	在调研前期影响客户选择合适的上云接入解决方案，拖长整个交付周期
	云服务提供商专线接入端口类型与客户侧专线端口类型可能在实际实施时存在适配性问题或有其他未知问题	导致最终线路联通受阻，周期延长
向基础运营商申请专线	直拉模式价格高	IT 预算超出计划，并未达到上云减少 IT 支出的预期
	在 NNI 模式下，云服务提供商中止与基础运营商的合作关系（NNI 模式：指基础运营商将自身接入网络，预先与专线交换机完成 NNI 对接，最终客户先按需就近接入基础运营商网络，通过 NNI 通道即可打通上云之路）	合作中止后难以保障后续线路质量
专线进机房施工交付	机房属性为运营商的云商专线接入点，受限于运营商政策，往往只允许部分物理专线提供商进线（如部分电信机房无移动专线资源）	导致客户进线受阻，周期不可控
	机房属性为第三方 IDC 的云商专线接入点	实际存在涉嫌"层层转租"的合规问题
	云服务提供商机房管理及进线规范化存在不足	影响专线接入的顺利实施

　　总体而言，传统物理专线上云的最大优势就是可选带宽范围较大、质量相对稳定、安全可靠性较高。当企业业务对传输质量要求较高，并且企业的 IT 能力较强或者专线实施经验丰富时这种方式较为适用。但与此同时，价格高昂、接入限制、实施周期长（一月甚至数月）等痛点确实让很多企业望而却步。

7.1.2　SD-WAN 推动"上云"热潮

　　专线上云存在种种限制，因此，企业对上云方式产生了新的需求，在此背景下，云网融合应运而生。SD-WAN 技术实现了传输虚拟化，补齐了云计算的最后一块虚拟化积木。与其说是 SD-WAN 带来的"上云"热潮，不如说是 SD-WAN 推动了"上云"热潮。与传统方案相比，SD-WAN 带来的收益非常实际，在成本、性能、可用性等方面存在优势，其投资回报率十分明确、清晰。SD-WAN 优势主要体现在以下三点。

1. 低成本、快速开通

相对于专线上云，SD-WAN 通常能够提供更经济、更高效的网络连接。在云环境中，SD-WAN 网关在云平台上支持以软件方式一键快速安装，一般可直接基于云主机的网络线路开通传输业务。在企业项目启动时，SD-WAN 能快速建立可靠的网络连接。即使后续需要叠加专线，也不影响业务开通或业务迁移进程，因此，SD-WAN 也可作为专线安装前的快速开通方式。

2. 提升灵活性和扩展性

云端资源的弹性需要传输的弹性相配合。SD-WAN 利用软件定义网络技术，可以根据实际需求灵活配置和管理网络连接。它能够集中管理多个网络连接，包括互联网连接、4G/5G 无线连接和专线连接，使得企业能够根据需求动态调整网络带宽和连接方式。这种灵活性和可扩展性使得企业能够更好地适应上云需求的变化。

3. 集中化的管理

云服务提供商提供了集中化的云资源管理平台，SD-WAN 则提供了集中化的网络管理平台，以对多个网络连接和设备进行统一管理和配置。通过可视化的界面和自动化的配置，企业可以更方便地管理和监控网络，减少了人工操作和配置的复杂性。事实上，通过集中化的管理平台，SD-WAN 的部署相对来说更加简便和灵活，可以快速在各个分支机构或办公地点落地，也从另一个角度加快了上云的实施速度。

7.1.3　目前的主流解决方案

SD-WAN 给传统网络带来了新的思路和解决方式，它的传输安全、部署周期短、调度灵活、应用优化等特性，获得越来越多具有大量分支机构或者门店的垂直行业的青睐，包括电商、在线支付、物流、生活服务、娱乐等众多领域，并被广泛应用于不同场景中。基于其优势，众多设备厂商、电信运营商、云商等均已经针对 SD-WAN 上云推出各自的解决方案。

1. 云原生连接服务

此类服务一般由 SD-WAN 竞争势力之一的云服务提供商直接提供，最大的特点就是云网一体，将 SD-WAN 服务与公有云核心服务进行有机融合，依托其底层网络基础设施，积极拓展 SD-WAN 业务。

对于用户而言，可以在云平台上直接部署云端 SD-WAN 网关，并能通过控制台统一入口进行网络连接和云上资源的统一监控、配置及管理。"快速""便捷"是这类服务最大的优势。

以某云商 SD-WAN 解决方案为例（如图 7-1 所示），客户可以在官网直接下单，确定智能接入网关 SAG 和带宽规格，实现云上部署。本地安装 SAG 后，SAG 基于客户既有连接（互联网宽带或 4G）就近加密接入云连接网，同时可基于全球传输网络实现多地域互联，以及任意两点之间多条路径冗余保护。云商 SD-WAN 解决方案可帮助客户快速构建一张高质量、高安全的通信网络，实现"一点入云、云网互通"。

云原生连接服务的最大优势就是足够方便快捷。因此，特别适合小微企业、新零售无人超市/便利店/连锁门店、加油站/停车场、连锁餐饮、在线教育等需要快速开店，以及快速上云的场景。但它仍然存在以下几点局限。

- 一般只能上单云，毕竟相关产品属于云服务提供商为了帮助更多客户快速上云、快速使用云服务的战略型产品。
- 能力标准化。也正是因为 SD-WAN 并不是云服务提供商的核心产品，所以它更多地定位于配合云资源的增值服务，其标准化较强，难以满足用户的个性化需求。

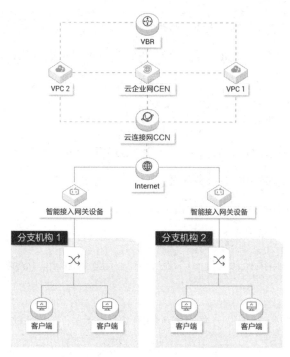

图 7-1　某云商 SD-WAN 解决方案之一

2. 非云原生连接服务

这种服务的提供商包括运营商、设备厂商、SD-WAN 服务商等，自身并不提供云服务，只为客户提供上云的连接服务。很多公司与业界主流云服务提供商都建立了合作关系，如成为云平台的服务商；或者与各家公有云预先在若干地域实现 NNI 对接（客户只需要购买 SD-WAN 提供商的连接服务即可，其他入云对接等事项均由提供商负责解决）；或者本身建有多云平台（一点接入后可触达任一合作云服务提供商的公有云），为此非云原生连接服务商也称为多云连接服务提供商。

非云原生连接服务商与云原生服务商像 A、B 面。一方面，非云原生连接服务无法提供统一的管理视图，但相应地，有着灵活度高、多云兼容的优势。另一方面，对于网络架构较为复杂的企业而言，"上云"往往只是企业整体组网需求的一部分，除此之外，可能还存在分支组网、流量调度、广域网及应用优化等需求。当涉及复杂的 SD-WAN 应用场景时，运营商、服务商等往往可以为客户提供整体解决方案，更有优势。

7.1.4　SD-WAN "上云"：没有绝对的完美

上文提到传统连接方案上云存在很多 "痛点"，而 SD-WAN 上云有着诸多优势。事实上，现阶段很多企业客户也已经开始使用各类 SD-WAN 产品或服务来解决灵活上云的问题。但 "甘瓜苦蒂，天下物无全美"，SD-WAN 作为一种新的上云方式，能很好地适应企业连接趋势与需求的变化，但也并非没有局限性。

1. 实时性、大业务量的上云连接场景

很多基于互联网的 SD-WAN 传输未必能始终保持稳定的高品质，即使引入了广域网优化等技术，也还是不能完全满足某些并发量大、实时性强的应用的连接要求（最后一公里问题）。部分广域网优化技术是以带宽换质量，因此，在某些情况下 "束手无策"。媲美专线，并不意味着完全等同专线。如在金融交易处理场景中，金融机构需要将交易数据实时传输到云平台进行处理和分析，交易可能是股票交易、外汇交易、债券交易等。实时性对于金融交易至关重要，因为即使微小的延迟也可能导致交易失败或错过重要的市场机会。

2. 关键 IT 系统在私有云上的场景

尽管很多政企客户已将公共网站等非关键系统上云，但由于其他关键应用程序，如企业资源规划（ERP）系统、客户关系管理（CRM）系统、人力资源管理系统（HRMS）等，通常包含敏感的业务数据和知识产权，客户对其上公有云仍然持谨慎态度，因而选择继续将此类关键系统放在私有云中。自建私有云，意味着采用专线上云所面临的风险基本可控。同时企业从投资保护、高敏感、高质量、业务保障等维度仍然会采用传统专线或 MPLS VPN 连接至私有云。

所以，对客户而言，SD-WAN 并不是万能的答案，最重要的是选择适合业务的上云连接方式。下面的 "四部曲" 可供参考。

- 分析客户的上云连接诉求是什么？如快速、弹性、安全……
- 需要为哪些业务提供传输通道？如核心业务还是常规业务……

- 传输的要求是怎么样的？如大带宽、实时性、不可中断性……
- 是否有其他方面的要求？如一站式交付、统一管理、国产化……

根据对"四部曲"问题的回答，可从连接带宽要求、连接质量要求、安全性要求、弹性及灵活程度要求，以及管理简便性要求来分析。为了更直观地展现上云需求要素，可采用图形化方式来展现（如图 7-2 所示）。

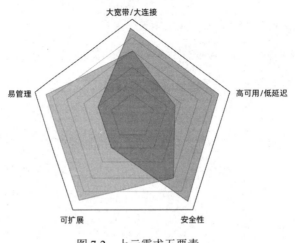

图 7-2　上云需求五要素

首先，通过需求分析判断是采用 SD-WAN 连接上云，还是继续沿用专线、MPLS VPN 等方式。如果采用 SD-WAN 连接上云，使用云原生服务还是非云原生服务？

确定连接方式后，如选择 SD-WAN 连接上云，可以先测试 SD-WAN 服务提供商的产品与方案，并根据测试结果，以及对各维度的需求满足程度和综合性价比，选择一个最合适的供应商。

7.2　SD-WAN 在各组网形态中的价值

SD-WAN 的灵活性使其可适应各类形态的组网，"上云"其实也是一种组网。如在第 1 章中所提及的，SD-WAN 的本质是将应用承载需求与底层链路解耦，实现传输虚拟化。然而作为 Gartner 所提出的 SD-WAN 四大技术特点之一，"自动建立安全的虚拟传输隧道"仍然被业界认为是必不可少的功能之一。因此,在本节中,将先对虚拟组网形态进行阐述,再从整体使用场景对各组网形态进行区分。

7.2.1　面向全场景网络架构的虚拟组网

根据是否经过 PoP 节点,SD-WAN 的虚拟组网形态主要可分为下面三种。为简单起见,下文中我们将 SD-WAN 边缘云网关简称为 CPE。

1. CPE TO CPE Directly 模式(又称直连模式)

如图 7-3 所示,只要有一端 CPE 有公网 IP 地址,则对端 CPE 可直接通过其公网 IP 建立数据隧道进行通信。这种网络架构符合商贸零售行业的典型场景,一般采用 Hub-Spoke 模型。Hub 通常在 IDC 或公有云上,Spoke 为门店/店铺或小型 Office。用户对联网质量要求不严苛,但对线路可靠性有一定要求,往往需要 4G/5G 线路备份,以确保门店的收银等业务系统可持续工作。

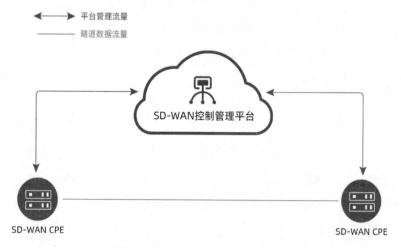

图 7-3　CPE TO CPE Directly 模式

2. CPE TO CPE via PoP(专线)模式(又称 PoP 专线模式)

如图 7-4 所示,CPE 可通过互联网连接到最近的 PoP 节点,无须具备公网 IP,即可通过 PoP 节点建立数据隧道进行通信。PoP 之间通过专线搭建 DCI(Data Center

Inter-connect）网络，确保端到端的网络质量。此外，任何一个区域出现 PoP 点故障，CPE 能自动切换至备用 PoP 点，实现网络秒级恢复。

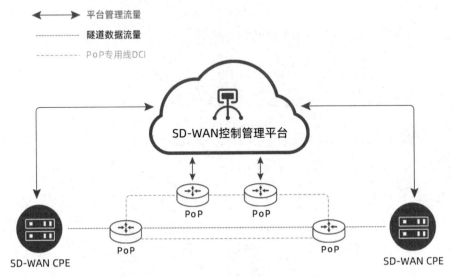

图 7-4　CPE TO CPE via PoP（专线）模式

这种网络架构符合广域多分支企业的典型场景，一般采用 Hub-Spoke 或 Full-Mesh 模型。分支机构与 IDC 或总部之间的物理距离较远，但对网络访问的质量有一定的要求，需满足网络时延、丢包、抖动的 SLA 指标。

3. CPE TO CPE via PoP（专线+互联网）模式（又称 PoP 专线+互联网模式）

如图 7-5 所示，CPE 可通过互联网连接到最近的 PoP 节点，无须具备公网 IP，即可通过 PoP 节点建立数据隧道进行通信。PoP 之间除用专线搭建 DCI 网络外，还有互联网作为备份线路。此外，任何一个区域出现 PoP 点故障，CPE 都能自动切换至备用 PoP 点，实现网络秒级恢复。

这种网络架构符合大型企业的典型场景，采用 Hub-Spoke 或 Full-Mesh 模型，分支机构至 IDC 之间的物理距离较远，但企业对数据实时性要求很高。除了网络质量，某些特殊行业对可靠性的要求也极其苛刻，要求至少满足 99.99%的 SLA。

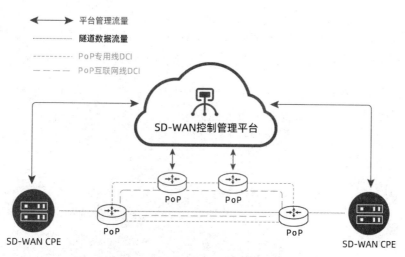

图 7-5　CPE TO CPE via PoP（专线+Internet）模式

7.2.2　多样化的使用场景

SD-WAN 的使用场景可根据所使用的基础链路的类型与数量来区分，主要包括使用多种线路的混合组网和使用多条同类型线路的组网两种场景。

1. 高品质混合组网：多专线

高品质混合组网常见于金融机构、大型央企等对线路质量要求极高的应用场景中。正如在第 4 章中所提到的，对于金融行业客户，随着业务不断创新与丰富，各网点从单一交易类业务向互联网金融业务转变，泛金融业务量快速增加。传统广域网组网架构常采用多专线方式来实现支行—分行—总行之间的联网，或互为备线，或区分办公流量与业务流量，但整体网络结构僵化，往往存在两条链路资源分配不均且难以调整的尴尬局面（如图 7-6 所示）。同时，业务多样性的加剧使得网络质量变得越来越不可预测和控制。传统基于命令的管理方式，配置效率低下，故障定位时间长。总的来说，传统网络已"捉襟见肘"，无法适应当前客户业务转型需要。

SD-WAN 可帮助客户在不改动原有网络结构、不增加风险点的前提下提升线路综合使用效率。SD-WAN 不仅可以基于应用识别帮助客户梳理各类型流量使用情况，而且可以叠加基于业务的 QoS（服务质量）与智能调度能力，即将基于应用的静态调度与基于线路监控的动态调度相结合，实现 Overlay 与 Underlay 的双层调度功能，将网络平台的职能从网络视角转变为业务视角。在原有线路基础上，甚至可叠加 4G/5G 无线专线作为第三备线，确保在遭遇自然或人为因素导致的专线中断时，客户的业务可被秒级调度至备线，并在备线上同样优先保证核心生产类业务的传输。

图 7-6　链路不均衡示意图

　　SD-WAN 能显著提升客户网络架构的灵活性与敏捷性。从业务需求出发，如果网络系统在网络监测能力、网络管理能力、网络调度能力等方面都更加智能化，网络健壮程度也随之提升，就能更好地适应金融业务发展趋势，并将 Underlay 线路的利用率发挥到极致，为业务发展铸就可期的未来。

2. 高品质混合组网：专线+互联网

　　专线+互联网是高品质混合组网中的另一个典型场景。此场景中核心业务均使用专线传输，另外部署一条单独的互联网线路建立 VPN 通道，但这条线路仅用于临时使用，如召开视频会议。只有当专线中断时，数据才会切换至互联网线路，这会导致在大多数时间段，专线负担压力极大，而同时互联网利用效率极低，而且距离总部较远的分支机构的专线成本更加昂贵。因此，如果企业采购的带宽不足，则在这种场景下，线路负载不均衡的程度比起多条专线的场景更加严重。

　　SD-WAN 可帮助客户充分发挥互联网线路的带宽优势。在分支机构与总部部署的 SD-WAN 网关，可以代替原有的 VPN 设备建立安全加密隧道。SD-WAN 还可以基于应用识别结果帮助客户梳理各类型流量的使用情况，并基于梳理结果向分支机构统一推送总部分流策略：核心业务默认使用专线线路传输，当线路利用率达到拥堵阈值时，自动将非关键业务调度至安全隧道中。在调度过程中，正在使用线路的用户不受任何影响，是完全无感知的。当召开关键的视频会议时，SD-WAN 通过 QoS 策略来保障足够的视频会议带宽，并限制其他办公应用的访问流量，从而能保证会议质量。

3. 互联网（含 4G/5G）组网

这是在商贸连锁行业中最常见的组网方式。商贸连锁企业门店众多，并且类型各异：商业街商铺、市场类商铺、百货商场类商铺、商务楼、写字楼商铺等。基于互联网线路，SD-WAN 帮助各类商贸客户快速实现跨地域组网，结合 ESIM 灵活智能的选路及动态切换能力，可有效地确保业务的连续性，无论是宽带故障还是无线信号变化，都能及时应对。特别是，专柜或者写字楼可能受物业限制，无法使用低价套餐，或互联网接入相对较为烦琐，纯无线的组网可帮助商贸客户快速开店。

在很多商贸门店中，互联网还承担着为门店设备、门店员工及客户提供上网接入的职责。特别地，很多客户希望尽可能地简化门店网络架构，会直接将 SD-WAN 网关作为出口，这将给接口能力及管理能力带来很大挑战。

- 网络接口数量可能大于常规的 4～6 个网口。
- 需要拥有覆盖范围可应对不同规模的门店的 Wi-Fi 能力，并包含流量审计功能，满足公安部 82 号令要求。
- 需要支持上网行为管理功能，确保主要、关键业务调用现有网络资源的能力，保障门店业务的稳定性。
- 需要统一平台纳管门店网络设备，而不仅限于提供 SD-WAN 网关功能。这样才能帮助客户 IT 管理人员实时监控门店内各联网设备运行情况及实时网络状态，实现全面、整体的网络状态监控与管理。

除商贸行业外，很多中小型企业也会采用这种组网方式，但使用场景大多类似，此处不再赘述。

SD-WAN 与安全

随着科技的不断发展和企业的持续扩张，传统分支机构之间的连接方式已经难以满足当今企业面临的复杂场景。在外部环境方面，信息的爆炸和云服务（如 SaaS 应用）的兴起使得企业必须接入互联网来实现与外部资源的连接和交互。在内部连接方面，传统的专线不仅价格昂贵，而且开通周期长，限制了企业快速部署和扩展的能力。正是在这种背景下，SD-WAN 将互联网引入了企业的内部网络，为企业提供了更灵活、更经济和更高效的连接方式。

也就是说，SD-WAN 是为优化广域网传输能力而诞生的技术，在最初阶段主要关注传输方面的需求。企业选择采用 SD-WAN 的主要驱动因素是，从传统的专线连接转向专线+互联网的组合，以在传输层面获得更强的健壮性和更大的灵活性，同时缩减 IT 开支。SD-WAN 的引入不仅为企业提供了更便捷的互联网接入方式，还增加了企业内部网络的灵活性和可扩展性。然而，这些变化也带来了一系列复杂的安全挑战与安全变革。本章将介绍如何在不同方面提升 SD-WAN 安全。

8.1　SD-WAN 带来的安全变革

随着企业内部网络功能的增加与架构的扩充，特别是互联网的引入，整个企业内部网络的安全问题变得更加复杂。分支机构与互联网的连接，使企业面临着更大范围和更多类型的潜在威胁。互联网本身充满了风险，如恶意软件、网络攻击、数据泄露等。同时，SD-WAN 的使用引入了新的网络设备和技术，可能增加网络攻击的目标面和攻击路径。就 SD-WAN 而言，通常最受关注的是应用的流量传输，举例来说，如果数据在传输过程中被拦截或篡改，应如何确保企业分支机构的运营安全，应用的正常运行？

因此，当使用 SD-WAN 后，企业就需要面对：如何保护分支机构与互联网之间的连接，如何确保数据在传输过程中的安全，如何确保分支机构不成为网络架构中的新弱点，以及如何应对潜在的网络威胁和安全漏洞等挑战。简单来说，当 SD-WAN 满足了传输的需求后，安全将成为 SD-WAN 的核心要求。

8.1.1　厂商：提供 SD-WAN 安全能力

在 SD-WAN 解决方案中集成安全能力无疑是如今的发展趋势，而在这方面，传统安全厂商拥有显著的优势，甚至有一种观点认为安全公司是最适合提供 SD-WAN 的公司。随着市场需求的变化和对网络安全的重视不断提高，许多安全厂商开始倾向于提供集成了普遍安全特性的 SD-WAN 功能。

传统安全厂商在安全领域积累了丰富的经验和专业知识，深入了解网络威胁识别、威胁防御和响应机制等技术，通常拥有成熟的安全产品和解决方案，包括防火墙、入侵检测和防御系统（IDS/IPS）、恶意软件检测、虚拟专用网络（VPN）等。相关安全特性可以与 SD-WAN 技术无缝集成，为企业提供全面的安全保护。

如何集成安全性与 SD-WAN？主要有以下两种思路。

一种是在以传输能力为主的 SD-WAN 上叠加安全能力；另一种是在安全设备上叠加 SD-WAN 技术。两种思路各有优劣。

在以传输能力为主的 SD-WAN 上叠加安全能力多由非安全厂商选择。事实上，SD-WAN 的很多功能本身就带有安全属性。如属于广域网优化的流量压缩技术，支持在传输数据之前对数据进行压缩处理，降低数据包的大小，通过减少传输的数据量来降低网络带宽的占用率，提高传输效率。从安全性方面来看，这也减少了传输敏感信息的数据量，降低了潜在的数据泄露风险。

但仅有这些并不足够，更强大的安全能力可能涉及多个单点功能的集成，并且这些功能必须紧密融合才能发挥最大效能。最基础的当然是通过建立加密隧道，保护数据在传输过程中的机密性和完整性。除此之外，还可集成以下能力。

- 威胁检测与防御：SD-WAN 可以集成威胁检测和防御功能，实时监测网络流量，并识别潜在的安全威胁和攻击。这可以通过入侵检测和防御系统（IDS/IPS）、威胁情报和行为分析等技术来实现。当检测到异常活动或恶意行为时，SD-WAN 可以自动采取相应的防御措施，例如，阻止恶意流量或通知管理员。

- 安全审计与报告：SD-WAN 可以记录和分析网络流量数据，生成安全审计日志和报告。这可以帮助管理员监控网络活动，检测潜在的安全问题，并提供必要的报告用于满足合规性要求或作为安全审计的参考。

- 分布式防火墙：SD-WAN 可以在分支机构部署分布式防火墙功能，实现本地的流量过滤和检查。这样可以减轻中心位置的负担，并为分支机构提供更强大的安全保护。分布式防火墙可以识别和阻止恶意流量，执行安全策略，以确保分支机构的安全性。

- 集中化安全策略管理：SD-WAN 可以集成安全策略管理功能，实现统一的安全策略配置和管理。通过集中化的控制面板，管理员可以定义和管理安全策略，如控制规则访问、应用程序过滤、恶意软件检测等。这样可以确保整个网络中安全策略应用的一致性和完整性。

以上安全功能只是所需安全能力的一部分，但可以明确的是，要在 SD-WAN 上紧密融合安全能力，需要厂商在安全领域也有一定的技术积累。然而，部分 SD-WAN

厂商可能只是借用其他厂商的安全技术，或移植一些开源的安全相关代码，"堆砌"起来出售给客户，因此能力参差不齐。所以，企业在选择 SD-WAN 方案时，需要进行详细的安全功能测试和评估，以确保产品的安全能力不是表面的"花架子"。这包括与供应商合作进行实际测试、参考第三方认证和评估、与供应商进行充分沟通和了解，并参考其他用户的评价和案例等。

安全厂商推出的 SD-WAN 解决方案，通常是在其已有产品的基础上添加 SD-WAN 功能。对于那些已经部署了安全厂商产品的企业用户来说，这种集成方式极大地降低了采用 SD-WAN 的门槛。企业可以直接在现有的安全平台上添加 SD-WAN 功能，无须额外的硬件设备或复杂的集成过程。这种集成模式还避免了使用独立的 SD-WAN 平台和安全平台时可能遇到的更复杂的管理和许可问题，简化了运维工作。

然而，新用户特别是那些对数据安全性要求相对较低的中小企业，可能不太考虑采用这种集成方案。这是因为，对这些用户来说，SD-WAN 仍然是一种网络技术，安全能力仅是锦上添花。用户更关注 SD-WAN 功能本身的价值和性能，而不是高级的安全特性，因此可能更愿意选择独立的 SD-WAN 解决方案，以首先满足网络优化和传输需求，而不必支付额外的费用或启用复杂的功能集成。

在 Gartner 发布的《SD-WAN 安全最佳实践》报告中明确指出，虽然有很多 SD-WAN 和安全融合的设备，但是企业安全领导人还是习惯选择网络商的产品。网络和安全商各有侧重，在网络和安全两者中通常总有一个有所欠缺。当企业需要网络和安全方面都有顶尖表现的产品时，通常要面对两个品牌，或者一个品牌的两条产品线[1]。

综合而言，两种方式各有千秋，企业应根据自身的情况综合考虑以上因素，选择最适合自己的 SD-WAN 方案。这可能需要进行详细的需求分析、供应商评估和产品测试，确保选择的方案能够满足企业的安全需求和传输要求，并与预算投入相匹配。无论选择集成安全的 SD-WAN 解决方案还是独立的 SD-WAN 解决方案，关键是确保企业能够在传输能力和安全能力方面得到最佳的平衡和保障。

---

① Fortinet. Fortinet 安全 SD-WAN 解决方案[EB/OL]. 2021.

8.1.2　技术：融合解决 SD-WAN 安全挑战

谈及 SD-WAN 设备的安全能力，有广义和狭义两种理解方式。

从广义角度看，SD-WAN 在多种层面上提供安全保障。在系统架构层面，所有 SD-WAN 边缘网关必须注册至控制平台并进行合法性认证。在数据传输层面，利用加密算法对数据的传输进行加密，防止未经授权的访问者窃取敏感信息；同时，在传输过程中进行数据的逻辑隔离，保证各条链路的独立性。在设备层面，通过多种设备安全功能提升安全性，即具备狭义的 SD-WAN 安全能力。

1. 访问控制

最基础的安全功能，如双向 ACL（访问控制列表），或基于包过滤的访问控制，支持对网络数据包的特征和内容进行过滤和判断。若企业网络环境复杂、边界模糊，可以结合零信任实现基于用户、应用程序、设备和位置等因素的网络限制和管理，确保只有授权的用户和设备能够访问企业资源。

2. 下一代防火墙

下一代防火墙本质上也属于访问控制，它可以深度检测网络流量中的应用层协议，识别和区分各种应用程序及其行为。除此之外，下一代防火墙还整合了其他安全功能，如入侵防御系统（IPS）、反恶意软件等。它能够检测和阻止网络威胁，提供更全面的安全防护。

3. 上网行为管理

对于有互联网访问的场景，上网行为管理可以根据组织的策略和需求，设定访问控制规则和权限，限制或允许用户访问特定的网站、应用程序或资源。使用内容过滤技术可以监控和控制用户在网上访问的内容，确保用户只能访问符合政策和业务需求的内容，防止滥用或未经授权的访问。

4. 流量全量梳理

IT 管理人员经常使用网络分块分离和隔离各个业务系统，从而提供更强的安全性和更高的性能。但采用这种方式的前提是"看懂"网络中传输的数据，因为只有这样才能制定合理的策略以提供安全保障。特别是，在策略制定初期，为了保证业务的正常使用，管理人员往往倾向于使用宽松的访问控制策略，但随着业务的增多，以及使用者的增加，安全隐患逐渐暴露。若随意修改或关闭策略，又有可能造成计划外的影响，甚至导致业务中断。

通过流量全量梳理可以将一段时间内的流量情况进行记录并分析，帮助 IT 管理人员明确地了解需要使用的应用，而后通过细粒度的策略设置，可以仅保留必要的传输路径，在不使用外部机制或补充协议的情况下将信息传输到特定网络的其他部分，从而减少风险，消除不必要的连接。

5. 威胁情报服务

事实上，包括下一代防火墙在内的很多功能已经是许多 SD-WAN 设备规格表中的标配，但均采用先检测威胁后应对的方式。然而企业网络愈加复杂，威胁形势不断演变，安全解决方案也应该与时俱进，不能仅靠检测已知威胁就高枕无忧，还必须检测未知威胁。

威胁情报服务可通过多种渠道（如公共情报源、私有情报源、威胁情报共享机构等）收集各种威胁情报数据，且数据会被实时更新。这些数据包括已知的恶意 IP 地址、恶意域名、恶意 URL、恶意文件等。将威胁情报与网络流量进行关联，可以检测到潜在的恶意活动，并及时采取相应的阻止措施，例如，阻止与已知恶意 IP 地址的通信、拦截包含恶意 URL 的请求等。

威胁情报服务将解决威胁转化为预防威胁，企业相当于拥有了经验丰富的安全研究和分析人员，对网络安全事件的响应速度和处理效率显著提高。

以上所提到的安全能力也许并不全面，只掀开了网络安全的一角。网络安全是一个庞大的话题，企业在选择 SD-WAN 设备与方案时，可以根据自身需求综合考虑多种安全技术，将其融合起来应对安全挑战。

8.1.3　方法：提升 SD-WAN 防护效率

企业要用什么样的安全策略与方法，才能够安心享受 SD-WAN 带来的便利呢？为了应对日益复杂的安全挑战，我们从不同角度提出了针对 SD-WAN 解决方案的 6 种安全策略。

1. 流量加密是基础

用互联网连接取代纯专线的挑战是，公共互联网通常不太可靠，这对于需要即时访问资源和数据的数字企业和用户来说，可能是一个严重的问题。

此外，随着越来越多企业实施多云战略，每种云都需要自己独立的连接。因此，大多数部署 SD-WAN 的企业使用多个宽带链路，将企业分支连接到核心网络和多云中。然而，每一次连接都会扩展潜在的攻击面。

同时企业也在逐渐增加对基于云的 SaaS 应用程序的部署，以便员工能够以最高效率进行协作，所涉及的网络连接通常可能包含需要保护的关键信息（特别是当云上 SaaS 应用是核心业务应用时）。

因此，对传输安全的覆盖，就成为 SD-WAN 解决方案的必要组成部分。SD-WAN 建立的 Overlay 层网络必须是端到端加密的。事实上，在如政企、金融等受监管单位，网络数据的加密是合规条件之一。国家也出台了相关政策，要求使用国家自研的商用密码算法来保证安全性。

2. 综合性安全，坚持原生安全保护

当然，仅有流量加密这种单一的安全能力是不足以应对复杂多变的网络环境的，因此，企业应选择综合性安全策略，以涵盖多个安全层面，如网络安全、数据安全、应用安全等。通过综合运用多种安全措施，可确保网络传输的安全性和机密性。同时，最好将系列安全功能与机制内置于 SD-WAN 之中。这种原生安全性的好处在于，企

业无须依赖独立的安全设备和解决方案来保护 SD-WAN 网络中的不同部分。相反，SD-WAN 的原生安全性可以在整个 SD-WAN 网络（包括分支机构、云端和核心网络）中实现一致的检测和保护，这种一致性的安全保护确保了数据和应用程序在整个 SD-WAN 网络中的安全性，并且能够适应网络环境的变化。

举例来说，当企业网络发生变化时，如新增分支机构、更换云服务提供商或调整网络连接，原生安全功能就能够动态地适应这些变化，仍能保持高效的安全保护。

3. 整合，而非堆砌

如上文所提到的，SD-WAN 需要综合性的安全，自然会涉及多种安全功能。但 SD-WAN 的安全是通过整合多种安全功能和机制来实现的，而不是简单地堆砌各种安全技术。这种整合的安全性旨在提供综合而协调的安全保护，以适应 SD-WAN 网络的部署场景并保护企业的数据和应用程序。

从这个角度出发，选择简单的 SD-WAN 方案之余，再部署独立的安全解决方案，只会让现有分布式网络本身已经很复杂的架构更复杂。因此，企业为 SD-WAN 部署选择的安全策略，应该能被轻松、无缝地集成到现有的安全架构中。

除此之外，SD-WAN 不仅需要提供网络连接的安全能力，还应包括统一的策略管理，确保企业能够在整个 SD-WAN 网络中应用一致的安全策略。这意味着企业可以通过集中的管理平台定义和管理安全策略，并将其应用于所有的分支机构和云端连接，从而实现统一的安全保护。

4. 透明的网络安全可视图

通过 SD-WAN 的管理平台，企业可以获得整个网络的综合、实时的安全可视化视图。这种视图显示了网络中的所有连接、分支机构和云端服务，并提供有关安全事件、威胁情报和网络活动的详细信息。通过可视化视图，企业可以全面了解网络中的安全状况，及时发现潜在威胁，并采取相应的安全措施。

5. 集中的管理控制

如前所述，SD-WAN 的管理平台能够集中管理和控制整个 SD-WAN 网络中的安全策略和配置。企业可以通过集中的管理控制平台定义和部署安全策略，包括访问控制、流量过滤、入侵检测和阻止等。这种集中的管理控制确保了安全策略的一致性，并简化了安全管理的复杂性。

6. 威胁情报共享与关联

将 SD-WAN 管理平台与威胁情报服务、安全信息共享平台集成，可实现实时的威胁情报共享和关联分析。通过与外部威胁情报源的集成，SD-WAN 可以获取最新的威胁情报，与内部安全事件关联分析，及时发现并应对潜在威胁。

通过将 SD-WAN 解决方案整合为安全架构的一部分，企业能够具备更强大的安全能力。

8.1.4 能力：向 SASE 安全进阶

企业上云是当今 IT 基础架构发展的热门趋势，这种转变使得终端用户与云端应用之间的访问延迟和安全风险成为企业网络的关键问题。SD-WAN 解决了上云的传输问题，并通过一系列优化技术保障传输质量，满足了分支机构对云服务的敏捷、灵活和稳定访问需求。

然而随着企业的上云和数字化转型趋势的持续，IT 部署方式演变得越来越多样化和灵活化，也带来了新的安全挑战。在企业边界逐渐模糊的环境中，传统的安全策略已经显示出较多弱点，具体如下。

- 传统的安全架构通常基于固定的边界和单一入口，而在现代企业中，分支机构、云端资源，以及 SaaS 服务等都成了企业的重要组成部分。这使得传统的安全策略无法满足动态变化的网络环境和不断增加的安全需求。

- 多分支的安全管理复杂度也成为一个问题。随着企业分支数量的增加，每个分支可能有不同的网络设置和访问需求，而传统的安全策略往往无法灵活适应这种多样性，导致安全管理变得混乱和低效。

- 企业上云意味着数据流向变得更加复杂，包括分支机构、公有云、私有云和 SaaS 服务等多个目标。传统的路由策略可能无法灵活调整和管理这种多样化的数据流向，导致安全策略的调整变得复杂和耗时。

- 缺乏全局视角的安全管理中心也是一个问题。传统的安全架构往往缺乏一个统一的安全管理中心，无法提供全局视角和集中管理的能力。这使得企业在面对安全事件时难以及时发现、应对和协调响应，扩大了安全风险和威胁的影响范围。

虽然在前述章节中已经提及多种安全策略，但无论是在 SD-WAN 基础之上叠加安全功能，还是基于现有安全架构增加 SD-WAN 功能，对企业的 IT 能力要求都较高。在 SD-WAN 基础之上叠加安全功能的企业，需要具备深入了解 SD-WAN 和相关安全技术的技术团队。这些团队应该具备对 SD-WAN 架构、安全威胁和漏洞的全面理解，以及在配置、管理和监控方面的专业知识。只有这样，才能确保安全功能被正确地集成到 SD-WAN 网络中，并能够及时应对威胁和攻击；而对于基于现有安全架构增加 SD-WAN 功能的企业，需要确保其现有安全基础架构具备足够的扩展性和灵活性。这可能涉及对现有防火墙、入侵检测系统和身份验证机制等的升级或调整。同时，企业还需要进行充分测试和验证，以确保新增的 SD-WAN 功能与现有安全系统相互兼容，并能够无缝协同工作。

为了向企业交付一种简单、安全、能够融合组网和安全服务能力的网络产品，除了功能叠加与融合的方式，网络和安全厂商开始寻求并尝试新的安全架构，以适应这种新的分布式 IT 计算模型，使员工、客户、供应商和其他人能随时随地、按需安全地访问部署于任何位置（Internet、公有云、私有云、SaaS、数据中心等）的应用、数据和服务，SASE（Secure Access Service Edge，安全访问边缘）的概念因此诞生。

SASE 的核心理念是将网络和安全功能集成为一体，它基于云服务提供商提供的边缘节点来实现，用来提供高度灵活、安全和高性能的网络连接。SASE 架构改变了传统的网络和安全架构，将传统的网络边界从企业数据中心扩展到云服务提供商的边缘节点。它将网络功能（如 SD-WAN、WAN 优化、带宽管理）和安全功能（如防火墙、威胁检测、安全访问控制）融合在一起，形成了一个统一的、全球性的网络和安全服务平台。正如 Gartner 所定义的："SASE 功能是作为一种服务交付的，它基于实体的身份、实时上下文、企业安全性/遵从性策略和整个会话中对风险/信任的持续评估。实体的身份可以与人、人群（分支机构）、设备、应用程序、服务、物联网系统或边缘计算位置相关联。"

在 SASE 架构中，SD-WAN 作为重要组件提供了分支机构、用户终端与云边缘之间的安全连接。相比其他连接方式，SD-WAN 拥有诸多优势。

- 在 SASE 架构中，企业分支机构和用户终端需要与云边缘进行稳定的连接。SD-WAN 强大的广域网优化技术（负载均衡、应用协议优化等）可以提升网络连接的性能和可靠性。

- SASE 架构将网络和安全功能集成为一体，通过云边缘节点提供综合的网络和安全服务。SD-WAN 作为 SASE 的一部分，提供基于软件定义的网络控制和管理，与其他安全功能无缝集成。这样可以实现网络和安全策略的一体化管理，确保企业在连接和访问过程中的安全性。

- 配合 SD-WAN，SASE 架构能够实现统一的安全策略管理。SD-WAN 通过集中的管理平台，允许企业定义和管理网络连接的策略和配置。这使得企业能够在整个网络架构中应用一致的安全策略，包括在分支机构、用户终端和云服务之间的连接中。这种统一的策略管理简化了安全管理流程，提高了安全性和操作效率。

SD-WAN 在 SASE 架构中扮演着重要的角色，为企业提供优化的广域网连接，并与其他安全功能整合，实现统一的网络和安全服务。通过将 SD-WAN 与其他 SASE 组件相结合，企业可以获得更好的网络性能、更高的安全性和更简化的管理操作。

8.2　底层安全能力的巩固与提升

诸多安全功能的结合可以为 SD-WAN 提供不同等级的安全保障与安全管理能力。但在所有安全能力之中,最基础的底层安全能力可以用四个字来概括——自主可控。特别是对金融业务、政府事务等事关国计民生的领域来说,网络安全与国家安全密切相关。如果完全依赖外部技术或设备,可能存在被第三方渗透、恶意操控或破坏的风险,如通过在设备中植入恶意组件或后门来入侵网络。自主可控可以降低这些潜在威胁,确保国家网络和信息系统的安全。

因此,在本节,我们将介绍 SD-WAN 安全范畴内与自主可控息息相关的两方面:加密算法与生态平台,是如何实现底层安全能力的巩固与提升的。

8.2.1　深挖"地基"

在 SD-WAN 的安全能力中,最基本也是最重要的一条就是,具备建立端到端加密隧道的能力。加密算法从技术上来划分,有对称加密算法、非对称加密算法和哈希函数三种。

- 对称加密算法(Symmetric Encryption Algorithm):对称加密算法也被称为共享密钥加密算法,是指加密和解密使用相同密钥的算法。对称加密算法的优点是加密和解密速度快,但需要确保密钥的安全性。

- 非对称加密算法(Asymmetric Encryption Algorithm):非对称加密算法也被称为公钥加密算法,是指加密和解密使用不同密钥的算法。非对称加密算法的优点是可以实现安全的密钥交换和数字签名,但加密和解密速度较慢。非对称加密算法的一个典型例子是数字签名算法(Digital Signature Algorithm),它可用于验证数据的真实性和完整性,并确认数据的发送者。

- 哈希函数(Hash Function):哈希函数是一种单向加密算法,可将任意长度的输入数据转换为固定长度的哈希值。常见的哈希函数有 MD5(Message Digest Algorithm 5)、SHA-1(Secure Hash Algorithm 1)和 SHA-256(Secure Hash

Algorithm 256）等。哈希函数主要用于验证数据的完整性和唯一性，而且无法逆向解密。

常用的加密算法可区分为由美国发明的国际标准密码算法与由我国自主研发的国家商用密码算法。二者各自的具体算法如表 8-1 所示。

表 8-1　加密算法

名　　称	国际标准密码算法	国家商用密码算法
对称加密	DES 算法、3DES 算法	SM1、SM4、SM7
非对称加密	RSA、DSA、ECC	SM2
哈希函数	MD5、SHA-1、SHA-256	SM3

从算法设计上看，国家商用密码算法与国际标准密码算法之间存在着一些区别，这些区别可能涉及算法的设计原理、密钥长度、数据块大小、安全性评估标准等方面，这使得二者的加密安全性与效率存在差别。但推行国家商用密码算法，更重要的意义在于以下几个方面。

1. 安全性问题

安全性问题是密码算法研究中的重要考虑因素。尽管 RSA 和 DES 等算法本身并没有问题，但它们已经存在于市场上多年，因此可能会面临安全漏洞和风险。随着时间的推移和密码学研究的进展，许多算法已经被发现存在一些弱点和漏洞，这可能对其安全性产生负面影响。此外，国际标准算法通常由特定的国家发布和控制，如 DES 算法是由美国国家安全局资助下的 IBM 公司开发的。对其他国家来说，这些算法存在着不可控因素。例如，在之前的棱镜门事件中，爱德华·斯诺登曝光了美国国家安全局在 RSA 算法中留下可供进行网络监听和解密的后门。这引发了人们对于使用国际标准算法的国家信息安全的担忧。如果这些后门被不法分子利用，将对国家的信息安全造成严重威胁，并导致无法估量的损失。因此，为确保国家信息安全和自主权，我国研究和推广国家商用密码算法是必要之举。通过使用自主可控的密码算法，可以降低对外部算法的依赖，减少可能的安全风险，并增强国家在信息安全领域的能力。

2. 使用限制问题

当前大多数密码算法都是根据美国标准制定的，并受到美国专利保护。这意味着美国政府可以对这些算法、标准和相关产品的出口和使用进行控制，类似于对芯片技术和芯片产品的限制。因此，为了避免受到他国的控制和制约，我们必须研究和推广自主的密码算法和产品，其目的是在可能发生限制的情况下，我们依然能够保持独立自主的能力，并能够继续保护国家的信息安全。通过自主研发和推广密码算法，我们可以减少对外部算法和技术的依赖，降低受限制的风险，并确保我们在信息安全领域具备足够的灵活性和自主权。

3. 人才培养

研发国家商用密码算法还有助于加强本国密码学和信息安全领域的人才培养和技术创新。通过深入研究和推广自主密码算法，我们能够培养出更多的密码学专业人才，提升本国的技术水平，并在密码学领域实现更大的创新和发展。同时，自主密码算法的推广也将促进本国密码学技术产业的发展，为国家信息安全提供可靠的支持和保障。

因此，SD-WAN 应采用我国自主研发、具有自主知识产权的国家商用密码算法来建立端到端安全隧道，对应替代 RSA、DES、3DES、SHA 等国际通用密码算法体系，这也是 SD-WAN 安全的"地基"。目前，国家已有完善的商用密码产品认证体系与流程，国密 SD-WAN 网关产品可通过有资质的检测机构进行产品认证。

8.2.2 SD-WAN 国产化

2018 年，为摆脱 IT 底层标准、架构、产品和生态等上游核心技术受制于人的现状，应对经济高质量发展的严峻考验，我国将"信创（信息技术应用创新）"纳入国家战略，提出了"2+8"发展体系（党政+金融、电信、电力、石油、交通、教育、医疗、航空航天）。自 2020 年信创元年开始，以党政为主的"2+8"体系开始全面升级自主创新信息产品，这些领域大多与国家安全、国民经济命脉和国计民生息息相关，对于自主创新和安全可控有着更高、更迫切的需求。

2021 年 11 月 17 日，国务院常务会议审议通过《"十四五"推进国家政务信息化规划》。其中提到"十四五"时期，要面向更好满足企业需求和群众期盼，抓住推动政务信息共享、提升在线政务服务效率等关键环节，推进数字政府建设，加快转变政府职能，促进市场公平竞争①。

2021 年 11 月 30 日，工业和信息化部正式印发了《"十四五"软件和信息技术服务业发展规划》（以下简称《规划》），为"十四五"时期我国软件和信息技术服务业发展指明方向。《规划》指出要全面推动经济社会数字化、网络化、智能化转型升级，持续激发数据要素创新活力，夯实设备、网络、控制、数据、应用等安全保障，加快产业数字化进程。

从国家颁布的多项政策可以看出，软件产业高质量发展已上升为国家战略。我国软件产业已迈入高质量发展关键期，国家对自主创新的国产软件和信息技术发展已愈发重视。

信创政策旨在建立以 CPU 和操作系统为核心的国产化生态体系，以确保国产信息技术系统具备可生产性、可用性、可控性和安全性。在实施过程中，信创市场形成了一个庞大的产业链，主要涉及四个方面：IT 基础设施、基础软件、应用软件和信息网络安全。作为企业广域网解决方案中日益普及的技术，SD-WAN 在国家信息安全体系中扮演着重要角色，也需要积极拥抱国产化浪潮，确保自身安全可靠、自主可控，真正实现"国芯国魂"的目标。

信创政策的实施落地主要有两个要求：首先，要求 SD-WAN 产品本身实现国产化替代，海外厂商如思科、VMware 等在国内市场的份额将逐步被本土厂商所取代；其次，信创政策要求基础设施（如 CPU 和服务器整机）以及基础软件（操作系统）逐步实现全面国产化。

为了达到更好的服务效果，SD-WAN 产品需要与主流国产软硬件产品之间进行兼

---

① 南方都市报. "十四五"推进国家政务规划审议通过，数字政府建设提速[EB/OL]. [2021-11-18].

容适配，以保证能够稳定、良好地运行，这无疑对 SD-WAN 厂商提出了更高的要求和挑战。厂商的应对策略主要包括下面两个方向①。

1. 自研国产化

目标是具备从芯片、设备整机到操作系统的全面自研自产能力，通过全产业链业务融合完成 SD-WAN 产品的全面国产化。这意味着厂商需要具备强大的技术能力、雄厚的资金实力，以及完善的产业链整合能力。

2. 适配国产化

适配国产化首要的则是技术兼容适配。SD-WAN 厂商可以投入研发资源和发挥技术实力，深入研究国产软硬件产品（如海光、飞腾等国产 CPU；银河麒麟、中标麒麟等国产操作系统）的特性和架构，以确保旗下 SD-WAN 产品能够与其兼容。通过仔细分析和测试，厂商可以针对不同的国产化产品进行适配和优化，这可能包括对软件和硬件的定制化开发、协议适配和接口调整等方面的工作，以确保 SD-WAN 与国产软硬件之间的顺畅集成和协同工作。

在技术适配之外，SD-WAN 厂商应积极与国内主流软硬件厂商建立合作伙伴关系。通过与这些厂商的紧密合作，厂商可以共享技术资源、经验和专业知识，加强彼此之间的技术交流和合作。建立合作伙伴关系可以促进更深入的产品集成和兼容性测试，共同解决技术难题，提高 SD-WAN 与国产软硬件之间的兼容性和性能。此外，通过合作伙伴关系，厂商还可以拓展市场渠道，共同推广和营销信创 SD-WAN 解决方案，增加产品的曝光度和市场份额。

从信创行业的发展趋势来看，信创产业目前的客户主要集中在"2+8"中的党政、金融、教育等领域中，离市场化成熟度更高、体验要求更苛刻的民营 B 端用户和消费者 C 端用户还有一定距离，客户积累数量还不太多，市场呈现区域渗透化、单点拓展化等态势。此外，信创产业的产品更多地围绕着安全性和可控性，在产品和服务的设

---

① 潘天，易丹，于婉贞. 爱分析：SD-WAN 市场研究报告[R/OL]. [2022-03-11].

计中强调信息数据的加密与回溯，将安全性放在首位，用户体验必须在满足安全性的前提条件下才能得到进一步改善。因此，信创产品还需要在发展过程中不断优化和改善，以满足用户对安全性和体验的双重需求，从而能扩展到全行业和全用户中去。这包括不断提升产品的功能性和可扩展性，提供更多样化的解决方案，以满足不同用户的需求。同时，信创产业还需要加强与其他行业的合作与交流，推动技术的跨界融合，以拓宽应用场景和市场空间。通过持续优化和改善产品，加强与不同行业用户的合作，信创产业可以逐步扩展到全行业和全用户中，实现更广泛的市场覆盖和发展。这将进一步推动信创产业的成熟和壮大，为国家信息化建设和数字经济发展提供更多的支持和动力。

　　信创产业未来会进一步在政企、央企、民营企业等范围内实践和应用，信创产业的大爆发正在酝酿。生态建设和提供一站式解决方案是国产软硬件发展的核心，开源是对生态发展的动态推进，迁移和上云则是适应生态现状的必要举措。同信创产业中其他产品一样，SD-WAN 相关产品和服务的"可用""好用"是持续进入市场良性循环的基础，是构建信创产业整体解决方案的底层逻辑和最高目标。随着信创产业在各行各业中的渗透率不断提高，用户范围日益扩大，用户对于采用 SD-WAN 产品和服务的积极性也将不断增强。这将进一步推动信创产业的持续创新，实现网络安全保障体系和核心能力建设的全面加强。

SD-WAN 与人工智能

　　SD-WAN 和人工智能是当今数字化时代中两个极具影响力的技术趋势，它们在网络和信息管理领域的结合，将为企业和组织带来深远的变革。SD-WAN 以其灵活性、性能优化和集中管理等特点，重新定义了企业网络连接的方式；而人工智能则通过数据分析、自动化和智能决策，提供了卓越的智能能力。将 SD-WAN 与人工智能相结合，可以实现更加智能、安全、高效的网络管理和运营。

　　本章将首先介绍人工智能在 SD-WAN 中应用的技术方向，然后针对不同功能应用场景展开描述。我们相信，SD-WAN 与人工智能的结合将进一步提升企业网络的性能、可靠性和适应性，加速数字化转型，为未来的连接时代奠定坚实的基础。

9.1　SD-WAN 与人工智能概述

　　近年来，人工智能以其强劲的发展势头吸引着学术界和工业界的目光，并被广泛应用于图像识别、自然语言处理、语音识别等各个领域。人工智能包括但不限于机器学习、深度学习、强化学习等分支。计算机网络为人工智能的实现提供了关键的硬件基础设施。

然而，传统网络固有的分布式结构往往无法快速、精准地提供人工智能所需要的计算能力，导致人工智能难以在网络中实际应用和部署。SD-WAN 集中控制的理念使得中央控制器能够按需快速地为人工智能适配计算能力，从而实现人工智能的全面部署。将人工智能与 SD-WAN 相结合，实现智能化软件定义网络，既可以解决棘手的传统网络问题，也能促进网络应用创新。

9.1.1 SD-WAN 的一般架构

正如前文所提，SD-WAN 将软件定义网络技术与广域网知识相结合。简单来说，可以将此理解为软件定义网络（SDN）在广域网领域的应用。SDN 作为近年兴起的网络架构，其核心理念是将网络的控制和转发能力解耦，通过控制器的可编程能力来控制底层的交换机和其他硬件设备，实现对网络资源的灵活调度和分配。这种架构解决了传统网络功能紧密耦合的问题，并为网络应用提供了稳定、可靠的平台支持。

随着 SD-WAN 的发展如火如荼，各种 SD-WAN 技术架构层出不穷。SD-WAN 的初衷是解决传统广域网面临的一系列问题，如复杂的配置和管理、缺乏灵活性与扩展性、应用性能不稳定、专线价格高昂等。从目前的发展情况来看，SD-WAN 架构虽然没有一个统一的标准，但还是出现了一些主流的架构。

- 集中式控制器架构：这是最常见的 SD-WAN 架构类型之一。该架构使用集中式控制器来管理和配置所有的 SD-WAN 设备。控制器负责决策和下发路由策略，以及监控网络状态。SD-WAN 设备（通常位于各个分支机构）则根据控制器的指示执行策略，并将相关的网络数据传输到正确的目的地。

- 分布式控制器架构：与集中式控制器架构相反，分布式控制器架构将控制平面和数据平面分布在各个 SD-WAN 设备中。每个设备都具备独立的控制功能和智能路由决策能力。这种架构使得 SD-WAN 设备可以更加自主地处理路由和流量优化，减少对中心控制器的依赖。

- 云托管架构：在云托管架构中，SD-WAN 控制器和服务是托管在云上的。这种架构可以通过云平台提供高度可扩展的控制和管理功能。分支机构的 SD-WAN 设备与云控制器建立连接，并通过云平台提供的服务进行路由和流量优化。

- 混合架构：混合架构结合了多种 SD-WAN 架构类型的优势。它可以同时利用集中式控制器和分布式控制器的特点，根据实际需求进行灵活配置。例如，集中式控制器可以管理全局策略和监控，而分支机构可以使用分布式控制器进行本地路由决策和优化。

这些架构除了在整体架构方面存在不同，还可能在以下几方面存在差异。

- 南向接口协议：南向接口协议是 SD-WAN 控制器与底层网络设备（如路由器、交换机）之间进行通信的协议。这些协议通常用于配置和管理底层网络设备，并收集设备状态和性能信息。不同的供应商可能使用自己独有的南向接口协议，例如 OpenFlow、NETCONF、RESTCONF 等。如何选择合适的南向接口协议取决于供应商的支持、设备兼容性和功能要求。

- Overlay 实现技术：Overlay 是 SD-WAN 中的关键概念，它使用虚拟化技术在底层网络之上创建逻辑隧道，以实现数据流量的路由和优化。不同的 SD-WAN 解决方案可能采用不同的 Overlay 实现技术，如 IPSec、GRE、VxLAN 等。如何选择合适的 Overlay 实现技术取决于网络安全性、性能需求，以及与现有网络基础设施的兼容性。

- SD-WAN 边缘网关内置功能：SD-WAN 边缘网关是 SD-WAN 的关键组成部分。不同的 SD-WAN 边缘网关可能具有不同的内置功能，例如防火墙、负载均衡、流量优化、QoS（Quality of Service，服务质量）等。如何选择合适的 SD-WAN 边缘网关内置功能取决于具体的网络需求、安全性要求和预算限制。

综上所述，SD-WAN 架构之间的区别在于功能实现方法的不同以及扩展功能的不同，架构之间没有绝对的优劣之分，只是技术流派与需求有所不同而已。但是有一些特性是所有 SD-WAN 架构所共有的，例如，SD-WAN 控制器不参与转发面，控制器即使出现故障，也要保障业务不受影响等。如图 9-1 所示为 SD-WAN 的基本架构图。

图 9-1　SD-WAN 基本架构图

　　SD-WAN 架构的底层连接着分支机构、园区站点、数据中心等，实现分支与总部的实时信息交互，并由 SD-WAN 控制器统领全局。在 SD-WAN 控制器之上还有一个管理界面，它属于业务层，是 SD-WAN 控制层的可视化界面。通过这种可视化界面，SD-WAN 架构实现了对网络的全面控制和管理。用户可以直观地了解整个网络拓扑、各个分支机构的连接状态，并根据业务需求进行灵活的配置和优化。这使得 SD-WAN 架构能够提供高效、可靠的业务部署，并为企业提供更好的网络体验和业务支持，实现 SD-WAN 的业务按需部署思想。

　　SD-WAN 将网络的控制平面与数据平面分离，因此它比传统的网络体系结构更灵活。控制平面可以将基础网络视为资源池，并将其分割为若干个虚拟网络，为每个虚拟网络设置不同的策略，使之满足不同的需求。这样的灵活性与适应性就使得 SD-WAN 易于和最新的技术相结合，如物联网和 5G。另外，人工智能技术使得

SD-WAN 可向智能化的方向发展。

下面将阐述人工智能相关技术在 SD-WAN 中的集成应用，以便我们更深入地了解人工智能在 SD-WAN 中的重要作用。

9.1.2　人工智能技术的发展

信息技术是人类历史上的第三次工业革命，计算机、互联网、算法等技术的发展和普及极大地方便了人们的日常生活。通过编程的方式，人们能够事先设计好交互逻辑，并交由机器来重复、快速地执行，从而节省人们的时间和精力，摆脱烦琐的重复劳动。然而，对于那些需要较高智能水平的任务，例如，图像识别、聊天机器人、自动驾驶等，设计明确的逻辑规则比较困难。传统的编程方式在应对这些复杂任务的需求时，显得力不从心。在这种情况下，人工智能成为解决这类问题的关键技术。人工智能的核心在于模仿人类的智能和学习能力。通过机器学习、深度学习等技术，人工智能系统能够从大量的数据中学习和提取模型，并进行自主的决策和推理。相比传统编程，人工智能能够处理更为复杂和模糊的任务，具备更高的智能水平。例如，在图像识别领域，人工智能可以通过训练大量的图像数据，学习识别不同的物体和场景，并做出准确的判断；在智能客服领域，人工智能可以通过自然语言处理和对话模型，实现与顾客的自然交流；在自动驾驶领域，人工智能能够通过感知、决策和控制模块，模拟人类驾驶的行为和决策过程，实现自动驾驶功能。

随着人工智能算法的不断发展和崛起，目前在电商、物流、医学、城市、交通等众多领域，人工智能技术已经得到广泛应用，并取得了显著成果。这些技术场景的落地不仅为我们节省了大量的人力成本，使我们提高了工作效率，还解决了我们生活中的许多难题，这也是近年来人工智能如此炙手可热的原因。实际上，很多人工智能技术并非刚刚出现，只是在最近几年才得到了更广泛的应用。这一切得益于硬件资源和算法的快速迭代，它们推动了技术的进步和产品的落地。随着计算能力的提升、存储成本的下降，以及大数据的充分利用，人工智能算法得以在更大规模的数据上进行训练和优化。同时，深度学习等算法的发展也为人工智能的广泛应用提供了强大的支持。下面先从人工智能的历史谈起，来看看历史上人工智能是如何一步一步地发展起来的，进而从感性上了解什么是人工智能。

1. 萌发阶段：20 世纪四五十年代

最初的人工智能研究是 20 世纪 30 年代末到 20 世纪 50 年代初的一系列科学进展交汇的产物。神经学研究发现，大脑是由神经元组成的电子网络，维纳的控制论描述了电子网络的控制和稳定性，香农提出的信息论则描述了数字信号，图灵的计算理论证明数字信号足以描述任何形式的计算。这些密切相关的想法揭示了构建电子大脑的可能性。

这一阶段的工作包括一些机器人的研发，例如，英国神经学家沃尔特制造出很有名气的机器乌龟（如图 9-2 所示）[①]，还有约翰霍普金斯兽。这些机器并未使用计算机、数字电路和符号推理，控制它们的是纯粹的模拟电路。沃尔特·皮茨和沃伦·麦卡洛克分析了理想化的人工神经元网络，并指出了它们执行简单逻辑运算的机制。他们是最早描述所谓"神经网络"的学者。马文·明斯基是他们的学生，当时还是一名 24 岁的研究生。1951 年，他与其他研究者一道建造了第一台神经网络机 SNARC。在接下来的 50 年中，明斯基是人工智能领域最重要的领导者和创新者之一。

图 9-2　机器乌龟

---

① Holland O. The first biologically inspired robots[J]. Robotica, 2003, 21(4): 351-363.

第 9 章　SD-WAN 与人工智能

1951 年，克里斯托弗·斯特雷奇使用曼彻斯特大学的 Ferranti Mark 1 机器写出了一个西洋跳棋（Checkers）程序；迪特里希·普林茨则写出了一个国际象棋程序。在 20 世纪 50 年代中期和 20 世纪 60 年代初，亚瑟·塞缪尔开发的西洋棋程序已经可以挑战具有相当水平的业余爱好者。游戏人工智能一直被认为是评价人工智能进展的一种标准。

人工智能的开端可以追溯到 1956 年在美国新罕布什尔州达特茅斯学院召开的达特茅斯会议。这次会议标志着人工智能的诞生，并确立了该领域的名称和任务。与会者包括众多在人工智能领域具有重要地位的科学家，他们在接下来的十年内都做出了重要的贡献。在达特茅斯会议上，科学家们提出了一个重要断言，即"学习或者智能的任何其他特性的每一个方面都应能被精确地加以描述，使得机器可以对其进行模拟"。这个断言的提出意味着人工智能研究需要具备对智能行为进行准确描述的能力，以便机器能够模拟这些行为。在会议上，纽厄尔（Allen Newell）和西蒙（Herbert A. Simon）讨论了"逻辑理论家"的概念，而麦卡锡（John McCarthy）则成功地说服与会者接受"人工智能"一词作为该领域的名称。这个名称的确定为人工智能的发展奠定了基础。

1956 年的达特茅斯会议不仅确定了人工智能的名称和任务，还见证了最初的成就和最早的一批研究者的出现。因此，这次会议被广泛认为是人工智能领域的开端。自那时以来，人工智能取得了巨大的进展，成为现代科学和技术领域的重要分支。

2. 黄金年代：20 世纪 50 年代到 20 世纪 70 年代前期

达特茅斯会议的举办推动了全球范围内第一次人工智能浪潮的兴起。当时，乐观的氛围笼罩着学术界，许多世界级的算法发明涌现出来。其中包括增强学习的雏形——贝尔曼公式，而增强学习正是谷歌 AlphaGo 算法的核心思想。同时，那个时期也见证了感知器这一深度学习模型的雏形出现，而深度学习如今已成为人工智能领域的重要分支。

在第一次人工智能浪潮中，不仅算法和方法论取得了新的突破，科学家们还成功地制造出了一些聪明的机器。其中一台名为 STUDENT 的机器能够解代数应用题，另一台名为 ELIZA 的机器则能够实现简单的人机对话。这些机器的出现引起了人工智能领域的广泛关注，人们开始相信人工智能有望取代人类。

在那个时候，计算机已经能够完成解代数应用题、证明几何定理、学习和使用英语等任务。研究者们在私下交流和公开发表的论文中表达出相当乐观的情绪，他们相信拥有完全智能的机器将在 20 年内问世。

3. 第一次寒冬：20 世纪 70 年代中后期

尽管第一次人工智能浪潮带来了许多重要的发明和进展，随后却出现了一段时间的研究停滞，这段时间被称为人工智能的第一次寒冬。这个时期，人们逐渐认识到逻辑证明器、感知器、增强学习等人工智能技术只能处理非常简单、高度专门化且狭窄的任务，只要任务稍微超出这些范围，它们就无法胜任。这种局限性主要源于两个方面的问题。首先，人工智能所依赖的数学模型和方法被发现存在一定的缺陷和限制。其次，许多计算问题的复杂度随着任务规模的增加呈指数级增长，导致某些计算任务几乎无法完成。即使是最杰出的人工智能程序也只能解决问题中最简单的部分，人们因此对人工智能感到极度失望。

种种固有的技术缺陷使得人工智能在早期的发展过程中遇到了瓶颈，导致第一次人工智能的冬天来临，资金支持随之减少甚至被取消。人们开始怀疑是否真的能够打造出完全智能的机器，认为先前的乐观预测过于理想化了。这段时期的经验教训对人工智能的发展产生了深远的影响。研究者们意识到需要寻找新的方法和技术来克服人工智能的局限性。

4. 再次繁荣：20 世纪 80 年代前中期

随着计算能力的提升、大数据的充分利用，以及深度学习等技术的发展，人工智能再度掀起全球的热潮，并在各个领域取得了重大突破。在 20 世纪 80 年代出现了人工智能数学模型方面的重大成果，其中包括著名的多层神经网络和反向传播算法等，也出现了能与人类下象棋的高度智能机器。此外，其他成果包括能自动识别信封上邮政编码的机器。这是通过人工智能网络来实现的，精度可达 99% 以上，这已经超过普通人的水平，于是大家对人工智能的前景信心倍增。

在这一时期，专家系统成为当时最引人瞩目的技术之一。它的核心思想是将专家的知识和经验以规则的形式存储在计算机中，然后利用推理机制从这些知识中推断，以提供问题的解决方案或决策支持。这种系统的优势在于能够处理复杂的领域知识，并能根据特定的问题和情境做出灵活的推理和判断。在 20 世纪 80 年代，专家系统迅速崛起，并在许多领域展示了广泛的应用潜力。医疗诊断、工业控制、金融分析、军事战略等领域都涌现出了众多成功的专家系统应用案例。其中最为著名的专家系统之一是 MYCIN 系统，它于 1976 年问世，用于诊断和治疗细菌感染。MYCIN 系统基于医学专家提供的规则和知识，通过分析病例的症状和病史，为医生提供诊断和治疗建议。这个系统的成功引起了广泛的关注，并为专家系统的发展铺平了道路。

然而，随着时间的推移，专家系统也暴露出一些问题。其中之一是知识的获取和维护成本较高，需要专家投入大量的时间和精力来构建和更新知识库。此外，专家系统往往只能解决特定领域的问题，对于复杂、模糊或不确定的情况表现较差。这些问题直接导致专家系统无法大规模应用。

5. 寒冬再袭：1988—1992 年

专家系统在知识获取和维护方面存在困难，以及其对模糊和不确定情况的处理能力不足等问题逐渐浮出水面。同时，人们逐渐认识到传统的符号推理方法在处理复杂、模糊和不完备的问题上存在局限性。特别到 1987 年时，苹果公司和 IBM 公司生产的台式机性能都超过了 Symbolics 等厂商生产的人工智能计算机，专家系统风光不再。

此外，经济因素也对人工智能的发展产生了影响。20 世纪 80 年代末，全球经济遭遇了一系列的危机，从而导致了科技领域的研发资金大幅减少。由于人工智能被视为高风险、高成本的研究领域，许多投资者和公司减少了对该领域的支持和投入，导致了人工智能研究的停滞和衰退。在这段时间，许多人工智能研究机构关闭或缩减了规模，研究人员纷纷转向其他领域。人工智能被贴上了"过度宣传"和"无法实现承诺"的标签，对其公众和投资者丧失了信心。

6. 回归：1993—2012 年

1993 年至 2012 年是人工智能领域的回归时期，被认为是人工智能的第二次浪潮。在这段时间内，人工智能技术取得了重大突破，并在各个领域展现了巨大的潜力和应用前景。

一方面，计算机硬件的快速发展为人工智能的进步提供了支持。计算机处理能力的提升和存储容量的增加，使得人工智能算法和模型能够更加高效地运行和处理大规模的数据。另一方面，随着技术的发展，机器学习和神经网络等技术成为人工智能发展的重要驱动力。神经网络的复兴使得深度学习成为可能，它通过多层次的神经元网络模拟人类大脑的结构和功能，能够从数据中自动学习和提取特征。这种技术的出现极大地提升了模式识别、图像处理、语音识别和自然语言处理等任务的准确性和效率。

在这一时期，许多重要的人工智能应用取得了重大突破，成果频出。例如，IBM 的 Deep Blue 在 1997 年击败国际象棋世界冠军卡斯帕罗夫，标志着计算机在复杂策略游戏中的超越。2005 年，斯坦福大学的 Stanley 赢得了由美国国家航空航天局（NASA）组织的无人驾驶汽车挑战赛，展示了机器智能在实时决策和自主导航方面的能力。

7. 爆发：2012 年至今

2012 年至今，人工智能领域经历了一次令人瞩目的爆发，取得了许多重要的突破，也涌现出了大批应用。这一时期被称为人工智能的第三次浪潮，被认为是人工智能历史上最具变革性和影响力的阶段之一。

在技术方面，深度学习成为人工智能的重要驱动力。通过深度神经网络技术和大规模数据训练，人工智能系统能够更好地理解、解释和利用复杂的数据。深度学习在图像识别、语音识别、自然语言处理等领域取得了显著的成果，推动了人工智能技术的广泛应用。2012 年 12 月 4 日，一个研究团队在神经信息处理系统（NIPS）会议上提供了他们在几周前的 ImageNet 分类竞赛中获得第一名的卷积神经网络的详细信息。他们使用了深度学习技术进行图像识别,人工智能的研究从此进入了急速上升期。

此外,人工智能与大数据的结合也为技术的发展提供了支持。随着互联网的普及和各种传感器技术的发展,大量的数据被生成和收集,这为机器学习和人工智能提供了宝贵的训练和优化资源。人工智能系统通过分析和挖掘大数据,能够提供更准确的预测和决策支持。

在应用方面,人工智能技术渗透到了各个领域,为人类的生活和工作带来了巨大的改变。自动驾驶汽车成为一个备受关注的领域,许多科技和汽车公司投入了大量资源研发自动驾驶技术,取得了令人瞩目的成果。智能助理、智能家居和智能物联网等应用也日益普及,使得人们的生活更加便利和智能化。在医疗领域,人工智能技术在疾病诊断、药物研发和个性化治疗方面发挥着重要作用。通过对大量医学数据的分析和模式识别,人工智能系统能够提供更准确的诊断结果和治疗方案,改善了医疗服务的效率和质量。2016 年,李世石在与 AlphaGo 的围棋比赛中以总比分 1 比 4 告负,此事引起了社会各界对人工智能的极大兴趣,人们开始重新审视人工智能领域,该赛事真正将人工智能推向了公众的视野。

9.1.3　机器学习概述

机器学习是人工智能的一种重要方法,也是现在的主流方法。人工智能大师西蒙认为,机器学习就是系统在不断重复的工作中对本身能力的增强或者改进,使得系统在下一次执行同样任务或类似任务时,会比现在做得更好或效率更高。

如图 9-3 所示,机器学习是现代人工智能的核心,深度学习作为机器学习的一种方法,使得人工智能取得了突破性的进展。机器学习涵盖多学科的知识,比如数据清洗和特征提取需要做数据的统计分析,模型构建离不开线性代数,具体到某种场景领域的数据又需要具有相关领域的知识储备,这样才能做好特征提取的工作。另外,整个过程还需要具备一定的编程能力才能快速实现算法并反复试错。

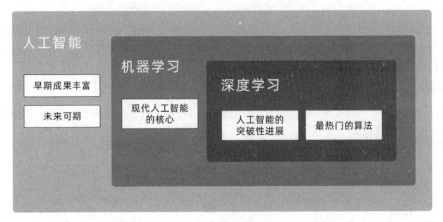

图 9-3　人工智能与机器学习的关系

机器学习涉及的算法亦非常广泛，但大致分为三种：监督学习、非监督学习和强化学习（如图 9-4 所示）。

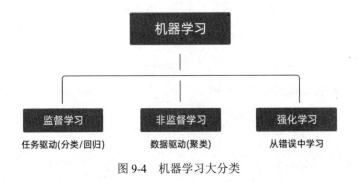

图 9-4　机器学习大分类

1. 监督学习

监督学习是一种通过学习标记的训练数据来预测未知输入结果的方法。在监督学习中，训练数据由输入和对应的输出标签组成。输入通常表示为特征向量或特征矩阵，而输出标签表示为预定义的类别或目标值。模型的目标是通过学习输入和输出之间的关系，建立一个函数或模型，从而可以根据给定的输入预测相应的输出。

监督学习的过程可以分为两个主要阶段：训练阶段和预测阶段。在训练阶段，模型使用标记的训练数据来学习输入和输出之间的映射关系。常见的监督学习算法包括决策树、支持向量机、逻辑回归、神经网络等。这些算法通过使用不同的数学和统计方法来拟合训练数据，找到最佳的模型参数，以最小化预测误差或损失函数。在预测阶段，训练好的模型用于对新的、未见过的输入数据进行预测。模型使用先前学习到的映射关系将输入映射到相应的输出。预测的输出可以是离散的类别（分类问题）或连续的数值（回归问题）。

监督学习的一个重要概念是泛化能力，即模型在未见过的数据上的表现能力。监督学习的目标是通过训练数据学习到一个能够良好泛化到新数据的模型。为了评估模型的泛化能力，通常会将训练数据划分为训练集和验证集，用验证集来评估模型在未见过数据上的性能，并进行模型的选择和调优。大部分的分类和回归算法都是监督学习的算法，比如分类算法中的 KNN、决策树、逻辑回归、支持向量机等，以及回归算法中的线性回归、树回归等。

2. 非监督学习

在非监督学习中，模型从未标记的数据中学习，以发现数据中的结构、模式或关系，而无须提供显式的标签或输出。与监督学习不同，非监督学习的目标不是进行预测或分类，而是通过对数据的分析和建模来获得对有关数据的洞察和理解。因为提供给智能体的实例是未标记的，因此，没有错误信号来评估潜在的解决方案。

非监督学习的任务通常可以分为聚类和降维两大类。聚类将数据样本分为具有相似特征的组或簇。聚类算法试图发现数据中的内在结构，将相似的数据点分组在一起，而将不相似的数据点分开。常见的聚类算法包括 K 均值聚类（K-Means Clustering）、层次聚类（Hierarchical Clustering）和基于密度的聚类（Density-Based Spatial Clustering of Applications with Noise，DBSCAN）等。降维则是通过减少特征的数量，将高维数据映射到低维空间中，同时保留数据的重要结构和信息。降维有助于数据的可视化、特征选择和去除冗余信息。常见的降维算法包括主成分分析（Principal Component Analysis，PCA）和独立成分分析（Independent Component Analysis，ICA）等。

非监督学习在许多领域都有广泛的应用，包括推荐系统、图像处理、自然语言处理等。非监督学习通过发现数据中的隐藏结构和模式，实现对数据的深入理解和洞察，为后续的分析和决策提供支持。

3. 强化学习

强化学习主要用于处理这样的情况：智能体在与环境进行交互的情况下学习如何做出决策，以获得最大的累积奖励。在强化学习中，智能体通过观察环境的状态和采取相应的动作来学习，以最大化预期的累积奖励。

强化学习的核心是智能体与环境的交互过程。在每个时间步骤，智能体观察当前的环境状态，基于当前状态选择一个行动，执行该行动后，环境切换至下一个状态，并给予智能体一个奖励信号作为反馈。智能体的目标是通过与环境的不断交互，找到最佳的行动策略，使得累积奖励最大化。

强化学习的关键概念包括以下六项。

- 状态（State）：描述环境的当前情况和特征，可以是离散的或连续的。
- 动作（Action）：智能体在给定状态下采取的行为或决策。
- 奖励（Reward）：在执行一个行动后，环境返回给智能体一个信号，该信号用于评估行动的好坏，目标是通过最大化累积奖励来学习最优策略。
- 策略（Policy）：将状态映射到行动的函数，其决定了智能体在给定状态下应该采取的行动。
- 值函数（Value Function）：衡量智能体在给定状态或状态行动下的长期累积奖励的函数。值函数可以用来评估行动的好坏以及指导决策。
- Q 值函数（Q-Value Function）：衡量智能体在给定状态和采取特定行动后的长期累积奖励的函数。Q 值函数可以用来指导智能体在给定状态下选择最佳行动。

强化学习的方法包括基于值的方法和基于策略的方法。基于值的方法尝试估计状态或状态动作对的值函数或 Q 值函数，并根据这些估计进行决策；基于策略的方法直接学习和优化策略函数。

9.1.4　机器学习流程

下面我们以监督学习为例，看看一个机器学习任务到底要做什么。机器学习的任务可以简单地理解为总结经验、发现规律、掌握规则、预测未来。对于人类来说，我们可以通过历史经验，学习到一个规律。如果有新的问题出现，我们使用习得的历史经验，来预测未来未知的事情。对于机器学习系统来说，它可以通过历史数据，学习到一个模型。如果有新的问题出现，它使用习得的模型来预测未来新的输入，如图 9-5 所示。

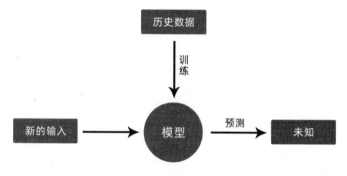

图 9-5　机器学习的任务

简单理解机器学习（监督学习）任务的话，它就是寻找一个输入数据 x 到输出数据 y 的对应关系：$f(x)$，使得 $y=f(x)$。假设 $f(x)=wx+b$，那么已知大量的 x 和 y，求 w 和 b 是什么。

机器学习要解决的基本问题可以分为回归和分类两大问题。回归问题是要确定两种或两种以上变量间相互依赖的定量关系，比如，根据一个人的年龄、性别等因素预测一个人的身高。分类问题是将输入数据映射到给定类别中的某一个类别。比如，根据一个人的相貌等特征，判断其是男人还是女人。

参照上文所举的例子，机器学习的流程可以基本概括为以下 6 步。

（1）数据获取：机器学习的第一步是获取用于训练和测试的数据。数据可以来自各种来源，如数据库、文件、传感器等。确保数据的质量和完整性对于获得准确的模型至关重要。

（2）数据处理：获取的原始数据可能包含噪声、缺失值或异常值。在数据处理阶段，需要进行数据清洗、去除噪声、填补缺失值、处理异常值等操作，以确保数据的准确性和一致性。

（3）特征工程：特征工程是将原始数据转换为机器学习模型可以理解的特征表示的过程。这包括选择和提取与问题相关的特征、进行特征缩放、编码分类特征、处理文本和图像等。

（4）模型选择与训练：在模型选择阶段，首先需要根据具体的问题和数据特征选择适当的机器学习模型，如决策树、支持向量机、神经网络等。然后，将训练数据输入选择的模型中，通过迭代优化模型参数，使其能够学习数据的模式和规律。

（5）模型评估与调优：在模型训练完成后，需要使用测试数据对模型进行评估，以了解模型的性能和泛化能力。常用的评估指标包括准确率、精确度、召回率、F1 分数等。如果模型性能不符合要求，可以进行模型调优，例如调整超参数、增加数据量、尝试不同的模型架构等。

（6）模型应用与优化：一旦模型通过评估，并且满足需求，就可以将其应用于实际场景中。在应用过程中，可以不断收集新的数据来进一步优化模型，例如，使用在线学习方法进行模型增量更新，以适应新的数据分布和变化。

遵循这个流程，可以有效地开发和部署高质量的机器学习模型，从而实现各种应用，如预测、分类、聚类、推荐等。同时，随着不断的迭代和优化，模型的性能和适应能力也将不断提高。

9.1.5　深度学习与卷积神经网络

深度学习是机器学习的一个细分领域，它是基于神经网络发展而来的。与传统机器学习方法相比，深度学习通过使用层次更深的模型来增强其学习能力。在深度学习中，深度主要描述了神经网络中层的数量。现今的神经网络可以包含数百甚至上千个层，网络的参数量从万级别到亿级别不等。然而，深度学习的发展并非一帆风顺。在过去的几十年里，深度模型的训练一直面临着巨大的挑战，其中最主要的问题是梯度消失和梯度爆炸。这意味着在传统的训练方法下，随着网络层数的增加，梯度信号逐渐变得微弱或异常增大，导致网络无法有效地学习和优化。

然而，近年来计算机计算能力的增强以及新的训练技术的出现，如批量归一化、残差连接等，使得深层模型的训练成为可能。深度学习相对于传统机器学习方法具有一些显著优势，如在处理大规模数据时表现出更好的效果，可以自动从原始数据中学习高级特征等。此外，深度学习还可以减少对特征工程的依赖，能够更有效地利用数据的信息。

正因为如此，深度学习已经在各个领域得到广泛应用，并取得了显著的成果。在计算机视觉领域，深度学习在图像分类、目标检测、人脸识别等任务中取得了突破性的成果。在自然语言处理领域，深度学习在机器翻译、语义分析、文本生成等任务上也取得了显著的进展。此外，深度学习在语音识别、推荐系统、医疗诊断等领域也有着广泛的应用。接下来我们从深度学习的几个基本概念进一步了解它的发展情况。

1. 人造神经元

人造神经元的设计灵感来自生物神经元的工作原理。它模拟了生物神经元接收和处理信息的方式，但人造神经元在计算机中以数字形式实现。通过将大量的人造神经元相互连接形成神经网络，我们可以构建出复杂的深度学习模型，完成更高级的任务，如图像识别、自然语言处理和推荐系统等。

人造神经元是所有神经网络的核心组件，由两个主要部分构成：一个加法器和一个处理单元。加法器的作用是将所有的输入按照权重进行加权求和，并传递给神经元。处理单元则根据一个预定义的函数（通常称为激活函数），生成一个输出。每个人造神经元都有一组权重和阈值（也称为偏置）。这些权重和阈值通过不同的学习算法进行学习和调整。学习算法的目标是使神经元能够根据输入数据准确地进行分类、回归或完成其他任务。当神经元只有一层时，它被称为感知机（如图 9-6 所示）。感知机包含输入层（通常称为第零层），它只是一个用于缓冲输入数据的传递层。然后是存在的唯一一层神经元，形成输出层。输出层的每个神经元都有自己独特的权重和阈值，它们决定了输出层对输入数据的响应和输出结果。

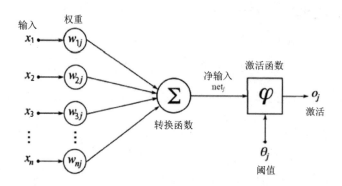

图 9-6   感知机示意图

2. 神经网络

神经网络是由感知机结构扩展而来的，其主要包含三个部分：输入部分、隐藏层部分以及最后的结果输出部分。其主要结构形式如图 9-7 所示，相比于感知机，神经网络扩展出了隐藏层，增加了多个输出，对激活函数做了更多的扩展。

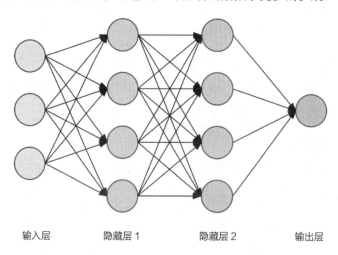

图 9-7   神经网络结构示意图

深度神经网络在神经网络的基础上扩展出了数量众多的隐藏层，因此，深度神经网络有时也被称为多层神经网络。神经网络依靠训练数据来学习，并随着时间的推移提高自己的准确性。而一旦这些学习算法经过了调优，提高了准确性，它们就会成为计算机科学和人工智能领域的强大工具，使我们能够快速对数据进行分类和聚类。与由人类进行的人工识别相比，常见的语音识别或图像识别任务可能只需要几分钟而不是数小时就能完成。

3. 卷积神经网络

随着研究的深入，人们发现，在图像识别任务中普通的神经网络还有不少局限性，如不易训练、参数量大、容易过拟合等，为了解决这些问题，卷积神经网络应运而生。卷积神经网络的灵感来自动物视觉皮层组织的神经连接方式。单个神经元只对有限区域内的刺激做出反应，不同神经元的感知区域相互重叠，从而覆盖整个视野。卷积神经网络是人工神经网络的一种特殊类型，在其至少一层中使用称为卷积的数学运算代替通用矩阵乘法。它们专为处理像素数据而设计，常用于图像识别和处理。卷积神经网络结构如图 9-8 所示，卷积神经网络中的卷积层通过卷积核的过滤提取出图片中局部的特征，这与人类视觉的特征提取类似。池化层通过下采样可以有效降低数据维度，这么做不但可以大大减少运算量，还可以有效避免过拟合。输入图像通过一系列线性与非线性操作，将上一层的输出作为下一层的输入，如此反复得到分类器的输入，最后经过分类器损失函数的指导，根据卷积神经网络的预测值与真实值的误差，利用反向传播方法对网络权重进行更新，完成训练任务。

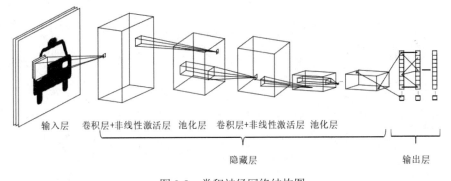

图 9-8　卷积神经网络结构图

自 2006 年首次在学术界引入深度学习以来，深度学习在最近几年中取得了突飞猛进的发展，尤其是在图像处理方面，在 ImageNet 竞赛的推动下，众多优秀的深度学习模型被提出，比如 AlexNet、VGGNet、ResNet 等，模型的层数越来越多，效果也越来越好。与此同时，深度学习也在语音识别、自然语言处理等领域取得了很大的进展。在自然语言处理中，如 Word2Vec、NMT 等模型都已经产生了颠覆性的影响，使得 NLP 相关的研究和任务也都获得了很大进展。最近，深度强化学习的兴起也引起了社会各界的广泛关注，如在围棋界战胜人类冠军的 AlphaGo，在 *DoTA* 游戏中击败人类战队的人工智能队伍等都已经证明了深度学习的强大之处。

9.1.6 强化学习怎样解决问题

强化学习（Reinforcement Learning，RL）是机器学习的另一个领域，它专注于学习如何通过与环境的交互来使数值化的收益信号最大化。与其他机器学习方法不同，强化学习的智能体并不会被明确告知应该采取什么动作，而是必须通过自主尝试和探索来发现哪些动作会产生最丰厚的奖励。

强化学习是机器学习领域中与监督学习和非监督学习截然不同的一种学习方法。监督学习通过从外部监督者获得标记的训练数据来进行学习，非监督学习则是从未标记的数据中学习，以发现数据中内在的结构。而强化学习则是与监督学习和非监督学习并列的第三种机器学习范式。

强化学习面临着独特的挑战，即如何在探索和利用之间进行权衡。在强化学习中，智能体通过与环境的交互来学习最优的行为策略，以使累积的长期奖励最大化。智能体需要不断地进行试探，并尝试用新的动作来最大化自己的奖励。这种权衡是强化学习的一个核心挑战。

在强化学习中，如图 9-9 所示，有两个可以进行交互的对象：智能体（Agnet）和环境（Environment）。

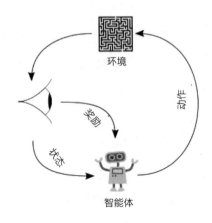

图 9-9　强化学习的基本模式

- 智能体可以感知环境的状态（State），并根据反馈的奖励（Reward）学习选择一个合适的动作（Action），来最大化长期总收益。
- 环境会接收智能体执行的一系列动作，对这一系列动作进行评价，并转换为一种可量化的信号反馈给智能体。

除了智能体和环境，强化学习系统还有 4 个核心要素：策略（Policy）、奖励函数（收益信号，Reward Function）、值函数（Value Function）和环境模型（Environment Model），其中环境模型是可选的。

- 策略：在强化学习系统中，策略是智能体在给定状态下选择动作的规则。它描述了从状态到动作的映射关系。策略可以是确定性的（确定性策略）或概率性的（概率性策略）。确定性策略直接指定了智能体在每个状态下应该选择的动作，而概率性策略则给出了选择每个动作的概率分布。
- 奖励函数：奖励函数定义了智能体在与环境交互过程中所获得的即时奖励信号。它衡量了智能体每个状态转换的立即收益或成本。奖励函数可以根据具体任务和目标进行设计，旨在引导智能体朝着最大化累积奖励的方向进行学习。
- 值函数：值函数用于估计在给定策略下，智能体在特定状态或状态动作对上的长期累积奖励。值函数可以帮助智能体评估不同状态或动作的好坏程度，以指导其决策过程。具体来说，状态值函数（State Value Function）衡量在给定状态下智能体能够获得的期望累积奖励，动作值函数（Action Value Function）衡量在给定状态和采取特定动作下智能体能够获得的期望累积奖励。使用值函数是强化学习方法与进化方法的不同之处。相比之下，进化方法以对完整策略的反复评估为引导对策略空间进行直接搜索。

- 环境模型：环境模型是对强化学习系统所处环境的内部表示。它可以是一个完整的环境模拟器，能够模拟智能体与环境之间的交互过程。环境模型可以提供状态转换和奖励信号的预测，从而帮助智能体进行规划和决策。然而，并非所有的强化学习任务都需要环境模型，在有些任务中智能体需要通过与真实环境的交互来学习。

由此可以看出，强化学习是一种对目标导向的学习与决策问题进行理解和自动化处理的计算方法。它强调智能体通过与环境的直接互动来学习，而不需要可效仿的监督信号或对周围环境的完全建模，因而与其他的计算方法相比，其具有不同的范式。

强化学习算法的发展有两个关键的时间点。第一个关键时间点是 1998 年，Richard S.Sutton 出版了他的强化学习导论第一版[1]，该书系统地总结了 1998 年之前强化学习算法的各种进展。这标志着强化学习的基本理论框架已经形成。在这个时期，学者们主要关注和研究表格型强化学习算法。当然，也出现了一些基于直接策略搜索的方法。如 1992 年 R.J.Williams 提出了 Rinforce 算法，直接对策略梯度进行估计。第二个关键时间点是 2013 年 DeepMind 提出了 DQN（Deep Q Network），其将深度网络与强化学习算法结合形成深度强化学习方法。从 1998 年到 2013 年，学者们也在不断研究各种直接策略搜索的方法。随着深度学习的兴起，深度强化学习开始引起广泛关注，尤其是在 2016 年和 2017 年，谷歌的 AlphaGo 连续两年击败世界围棋冠军，引发了深度强化学习的研究热潮。这一事件将深度强化学习推到了舆论的风口浪尖。如今，深度强化学习正以迅猛的势头不断发展，可谓百花齐放，百家争鸣。未来几年，深度强化学

---

[1] Sutton, Richard S., and Andrew G. Barto. *"Reinforcement learning: An introduction."* Robotica 17.2 (1999): 229-235.

习技术有望得到更广泛的应用，并发展出更加成熟和实用的算法。我们对其发展充满期待，让我们拭目以待。

9.1.7　SD-WAN 与人工智能结合的潜力

软件定义网络（SDN）提出了集中控制的理念，它通过中央控制器的灵活调配，使得人工智能所需的算力得以满足，从而实现人工智能的全面部署。将人工智能与 SDN 网络相结合，实现智能化的软件定义网络，既可以有效解决传统网络中棘手的问题，又能够推动网络应用的创新。通过这种方式，SDN 为人工智能的发展提供了强大的支持，为各行业带来了更高效、灵活和创新的网络应用解决方案。SD-WAN 作为继承于 SDN 的技术，同样拥有与人工智能结合的巨大潜力。

1. 在 SD-WAN 中引入人工智能

近年来，研究人员尝试将深度学习引入 SD-WAN 研究中，取得了显著成效。与传统 IP 网络相比，在 SD-WAN 中引入深度学习具有如下优势[①]。

- 训练数据易于获得：一般机器学习模型需要大量数据进行特征学习，而在传统网络中，数据的收集往往需要额外部署协议和设备，这不仅增加了数据收集的难度，还提高了数据收集的成本。然而，在集中控制的 SD-WAN 架构中，可以在控制层系统、全面地收集各类网络信息和流量数据，并提供全局视图，为机器学习模型的特征学习提供更为可靠和丰富的数据基础，解决了传统网络中的数据收集难题。

- 计算资源丰富：传统的网络交换机主要负责数据包的转发和路由，其计算资源相对有限。然而，在 SD-WAN 中，控制与转发分离，控制器被设计为一个独立的实体，负责集中管理和控制整个网络。这使得控制器拥有更大的计算能力和存储容量，可以满足深度学习模型对于大规模数据处理和复杂计算的需求，

---

① 杨洋，吕光宏，赵会，李鹏飞. 深度学习在软件定义网络研究中的应用综述[J]. 软件学报，2020，31(07):2184-2204.

为 SD-WAN 的智能化和优化提供了可靠的基础。

- AI 模块灵活部署：在 SD-WAN 架构中，控制器具备将下层资源进行抽象和编排的能力，并采用开放接口的可编程模式为应用层提供服务。在这种架构下，深度学习可以轻松部署在 SD-WAN 的应用平面，作为应用层的一种应用程序，提供便利和高效的服务。

- 便于与环境交互的控制：在 SD-WAN 中，可以方便地构建闭环控制系统，这给人工智能提供了一种与网络环境进行互动的机制。这种闭环机制使得 SD-WAN 能够动态地感知网络环境的变化，并根据学习到的知识做出智能的网络管理决策。通过深度学习等算法的"智能大脑"与网络环境进行互动，SD-WAN 可以实现智能、动态、交互式的网络管控。

2. 智能 SD-WAN 架构

SD-WAN 源起于 SDN，因此智能 SD-WAN 架构同样可继承智能 SDN 架构的设计思想。如果从软件定义网络的一般视角来看，结合数据挖掘、人工智能方法的智能 SDN 网络架构，旨在通过 SDN 集中控制的优势获取网络信息，利用数据挖掘和深度学习的智能决策解决复杂的网络控制和管理问题。在网络系统中加入知识平面，利用机器学习及其他认知技术，可以实现网络控制和管理的自动化与智能化[1]。Cabellos 等人整合 SDN 的集中控制、网络遥测、网络分析技术和知识平面的概念，在 SDN 架构中引入了知识平面和管理平面，提出了 KDN（Knowledge-Defined Networking）架构[2]，如图 9-10 所示。

---

① Clark D D, Partridge C, Ramming J C, et al. A knowledge plane for the internet[C]//Proceedings of the 2003 conference on Applications, technologies, architectures, and protocols for computer communications. 2003: 3-10.

② Mestres A, Rodriguez-Natal A, Carner J, et al. Knowledge-defined networking[J]. ACM SIGCOMM Computer Communication Review, 2017, 47(3): 2-10.

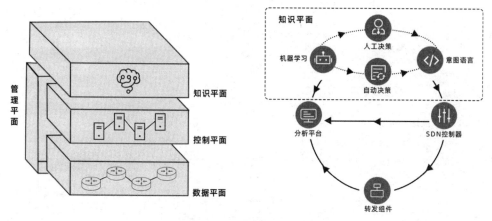

图 9-10　KDN 平面示意图与操作流程

KDN 架构的核心思想是通过知识平面来增强 SDN 的智能性,它主要由数据平面、控制平面、管理平面和知识平面组成,是各种机器学习、深度学习方法应用于 SDN 的一种通用架构,旨在通过闭环控制,在 SDN 中提供网络控制和管理的自动化、智能化等功能。

知识平面是 KDN 的核心,它利用机器学习、数据挖掘和知识表示等技术,对网络数据进行实时分析和处理,从中提取有价值的知识。这些知识可以包括网络拓扑、链路状态、应用需求和用户行为等方面的信息,这些信息通过意图语言从北向接口向控制器下发。知识平面与集中控制器密切合作,实现对网络的智能控制和决策。

控制平面中的分析平台实时监控数据平面,获取细粒度的流量信息,查询 SDN 控制器获取控制和管理状态,以提供全局视图。

管理平面垂直于控制平面和数据平面,用于对整个 SDN 网络进行统一管理和协调。管理平面负责定义网络拓扑,收集并处理网络设备提供的信息,监控分析网络,以长期确保网络的正常配置和操作。

除了 KDN,在 SDN 中引入深度学习的智能架构还有 DDN(Deep Learning-Defined Networking)。作为一种新型的网络框架,DDN 将 SDN、内容中心网络和大数据分析范式整合在一起,探寻新型网络架构和大数据分析方法对智能网络管理带来的好处,如图 9-11 所示。

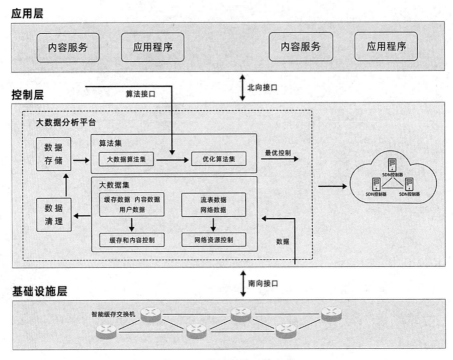

图 9-11　数据驱动网络架构

　　DDN 架构的核心思想是利用深度学习算法来实现网络的自适应和优化。DDN 架构在 SDN 交换机中嵌入了内容缓存，为用户提供内容，收集网络数据，并通过南向接口将它们发送到控制层的大数据分析模块。利用大数据分析技术从大量数据中提取知识，以帮助控制器做出决策，并通过 SDN 提供的集中控制能力发送知识来控制整个网络，实现最优的资源分配、高效的内容分发和灵活的网络配置。

　　KDN 与 DDN 均在 SDN 中引入了自动化决策，NetworkAI 架构则采用 DRL 实现网络的实时智能控制，并且可用于大规模网络的自动化控制。智能 SDN 架构对 SDN 中具体问题的研究具有很高的参考价值，推动了深度学习在 SDN 研究中的深度参与。

　　与这些融入了人工智能的 SDN 相似，智能的 SD-WAN 网络运用了软件定义网络转发和控制的基本特点，利用强大的集中式控制器，融合了多种人工智能技术，实现了流量分析、智能选路、拥塞控制、定制化服务、网络安全保障等一系列功能，可为用户提供高质量的 SD-WAN 解决方案。

9.2　网络流量分类

网络流量分类是现代通信网络中的一个重要任务,是网络服务商开展各种网络运营和管理活动的重要基础,它为网络资源调配、网络入侵检测、恶意软件检测、运营商监管调控与定价等应用领域提供了判断依据与底层技术支持。同时随着 SD-WAN 和 SRv6 等技术的发展,提供个性化的网络服务以及流量工程都对流量分类技术提出了更高的要求。当今移动互联网的蓬勃发展,大量新型网络应用的出现,致使当今的网络流量呈现出了网络流量数据规模庞大、网络应用类型繁多、网络协议多样等特点。针对新型的网络特点,如何精准、高效地对网络流量进行分类一直是产业界、学术界和网络监管部门广泛关注的热点问题。

9.2.1　流量分类与深度报文检测

最早的流量分类系统可以追溯到基于端口的流量分类。这种方法直接使用 IANA (Internet Assigned Numbers Authority)官方组织所定义的标准协议,即端口表来识别协议类型,比如 HTTP 使用 80 号端口进行数据包传输。然而,随着时间的推移,越来越多的应用程序不再遵守这种规定,特别是一些试图规避监管和监控的应用程序与协议。很多 P2P 应用使用随机端口,或者使用 80 端口来伪装成 HTTP 协议以逃避监管。这些行为导致基于端口的分类方法的效果变得很差,尤其是对于加密流量的分类效果更是微乎其微。

面对这种挑战,流量分类系统不得不采用更高级的技术和策略来应对。目前服务商使用较多的主流解决方案是深度报文检测的方法(Deep Packet Inspection,DPI)。DPI 是一种检查报文数据部分的计算机网络包过滤技术,其通过分析网络数据包中的内容和结构,识别特定的应用程序和协议。它可以解析数据包的有效负载,并根据特征、模式和行为来确定流量的类型,而不仅仅依赖于端口信息。这使得分类系统能够更准确地识别各种类型的流量,包括加密流量和伪装流量。DPI 通常用于检测不合规范的协议、病毒、垃圾邮件、入侵系统或者定义标准,以便决定被检测的数据包是否可以正常发送或者需要进行特殊处理。以数据流为单位，通过对比检测特征库与数据流，判断当前数据流特征是否与特征库相符合。DPI 技术在企业层面有很广泛的应用，例如电信服务提供商等机构。

相较于传统的检测方法，基于 DPI 的检测模型在五元组的基础上增加了对 OSI 模型的 3~7 层的检测，包括对报头和数据协议结构，以及消息的有效载荷的检测。它可以根据从数据部分提取的信息来识别和分类流量，识别过程更精确。识别结果可以被重定向、标记、封堵或者限速，同时也会被报告给网络中的网络代理，也让其以这种方式对各种不同的业务进行识别、转发与分析。除了使用 DPI 来保护内部网络，互联网服务提供商也将该技术应用在公共网络，例如，合法拦截、针对性广告、服务质量保证、提供分层服务和执行版权服务。DPI 识别模型如图 9-12 所示，它将 DPI 特征库加载到识别引擎中，DPI 识别引擎的作用是实现协议特征的匹配。待识别流量经过 DPI 识别引擎后，DPI 识别引擎输出识别结果。

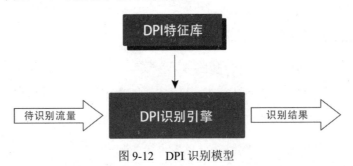

图 9-12 DPI 识别模型

基于 DPI 的识别方法有很多优点，其中包括：直接用数据流量与特征库进行对比，有较高的准确率，尤其是对于使用非标准端口或伪装流量的应用程序和协议；DPI 的识别引擎一般使用较快速的匹配算法，识别速度较快；使用 DPI 进行加密流量的识别时，如果该加密流量有与明文数据包的交互过程，则 DPI 就可以根据相应的交互规则对其进行识别。但是这种方式不可避免地具有局限性，例如，DPI 在处理加密流量时无法直接读取和分析加密的有效负载，这使得 DPI 对于加密的应用程序和协议的识别效果有限；如果部分流量交互过程中的数据特征没有被加入特征库中，或者在识别加密流量的过程中，无法抓取到可进行匹配的明文交互数据包，则无法进行 DPI 识别；DPI 需要对网络数据包进行深入解析，这可能涉及用户的隐私信息等。基于人工智能的流量分类方式则可以在一定程度上突破 DPI 的局限性。

9.2.2　基于深度学习的流量分类

相比依赖匹配协议端口或解析协议内容识别网络应用的方法，基于机器学习的流量分类技术利用流量在传输过程中表现出来的统计特征来区分不同的网络应用。传统方法可能会受限于特定端口的使用或者无法解析加密的流量，而基于机器学习的流量分类技术不受动态端口、载荷加密，以及网络地址转换等因素的影响，因而能够克服这些困难。通过训练机器学习模型，使它学习到不同网络应用之间的流量模式和关联，无须事先定义规则和规范。在分类性能和灵活性方面，该方法较之前述各种方法都有所突破。将机器学习方法应用到流量分类领域，可以从数据挖掘的角度切入，然后在理论上进一步研究各种网络应用所对应的流量模型和特征，这同时也可解决网络管理、网络计费、流量工程，以及安全检测等应用需求。

但在研究过程中，基于机器学习的流量分类技术还存在一些问题难以解决。非监督的机器学习方法不能适应所有的流量数据集的特点，而对于监督的机器学习方法，特征的设计与选择对识别准确率的影响很大，设计一组符合流量的统计行为特征不仅对专家经验的要求较高，而且不具备通用性，针对不同的流量要重新设计新的特征组。综上可以发现，通用性和模型的泛化能力是制约常规机器学习应用于流量识别场景的重要因素。

在计算力不断提升的今天，深度学习算法可以在一定程度上解决机器学习选择特征困难的问题[①]。深度学习通过各种不同的网络结构来进行原始数据的表征学习，其

[①] Park B C, Won Y J, Kim M S, et al. Towards automated application　signature generation for traffic identification[C]//NOMS 2008-2008 IEEE Network Operations and Management Symposium. IEEE, 2008: 160-167.

原理基于感受或基于自然语言规则，但将识别物体的特征数字化，通过多层的网络结构学习高纬度的数据特征，并用提取到的特征进行任务识别。鉴于深度学习在图像分类领域上巨大的成功，学者们尝试将深度学习模型和方法引入流量分析问题中，充分利用真实网络环境中的大量数据，实现基于深度学习的流量识别算法研究[①]，甚至可以实现对加密流量的识别。

基于深度学习的流量识别过程可分为训练过程阶段与识别过程阶段，如图 9-13 所示。

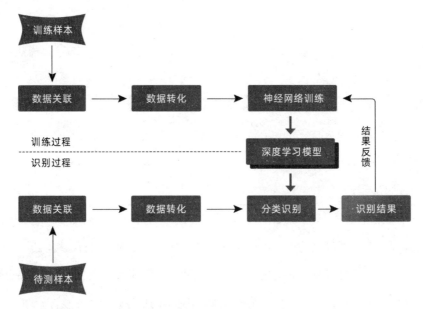

图 9-13 基于深度学习的流量识别方法

首先是训练过程阶段，主要包括如下三个步骤。

- 准备训练样本：收集具有标签的流量数据作为训练样本，其中包含已知应用程序或协议的流量。

- 特征学习：使用监督或非监督的学习方法，通过深度神经网络自动学习和提取

---

① Liu Z, Bai Z, Liu Z, et al. {DistCache}: Provable Load Balancing for {Large-Scale} Storage Systems with Distributed Caching[C]//17th USENIX Conference on File and Storage Technologies (FAST 19). 2019: 143-157.

流量数据的有用特征。这些特征可能包括流量的统计信息、时序信息、频谱特征等。

- 构建深度学习模型：根据训练样本和提取的特征，构建深度学习分类模型。这个模型可以是卷积神经网络、循环神经网络或者其他深度学习结构。

接下来是识别过程阶段，主要包括如下两个步骤。

- 预处理流量：对待测流量进行预处理，例如数据包解析、特征提取等。
- 模型分析：使用已经训练好的深度学习模型及其网络参数，对预处理后的流量进行分类识别。模型通过计算和映射流量特征，获得流量所属的应用程序或协议类别。与众多机器学习算法类似，模型训练过程通常是离线且耗时的，而识别过程是实时或接近实时的，即可以在流量经过时快速做出分类判断。

基于深度学习的流量识别借鉴了计算机视觉的方法，例如，Wang 等人[①]首先将数据的前 784B 转换为 28 像素×28 像素的二维图像，然后使用 CNN 进行监督分类学习。在选取输入数据时，该方法考虑了 TCP 流和会话的区别，并且通过实验发现提取传输层、网络层和数据链路层头部数据能够获得最佳的分类效果。但是，这种方法依赖于 RFC 文档定义的特定协议头部字段，如 TCP 协议端口和标志位等，以实现准确的流量识别。这意味着只有当与特定协议头部字段匹配时，才能精确地识别流量。因此，这种数据提取方法实际上会导致信息量的损失，无法获取流量中其他重要特征的信息。此外，该方法同样面临难以手工标记大量网络数据样本的挑战，在不断变化的网络环境中，标记的数据样本可能无法涵盖所有可能的流量情况。

尽管仿照深度学习对图像处理模式进行流量分类在一定程度上取得了效果，但仍存在一些问题，其中包括输入数据冗余、深度学习模型训练时间过长，以及未能充分学习流量数据中的结构和时序特征的问题。据此，有研究提出了一种基于一维 CNN

---

① Wang W, Zhu M, Zeng X, et al. Malware traffic classification using convolutional neural network for representation learning[C]//2017 International conference on information networking (ICOIN). IEEE, 2017: 712-717.

的加密流量分类方法，实现了数据包级别的加密网络流量分类。这种方法结合了 Attention 机制和 LSTM（Long Short Term Memory networks，长短时记忆网络）模型，可以解决传统深度学习模型对网络流量内部时序特征不敏感的缺点。通过使用一维 CNN，可以对流量数据进行有效的特征提取和表示，避免了输入数据的冗余问题。此外，引入 Attention 机制可以使模型更加关注重要的特征部分，提高分类的准确性。而结合 LSTM 模型则可以有效地捕捉流量数据中的时序信息，进一步提高分类模型对流量数据结构和时序特征的学习能力。

在面对海量的网络流量数据时，利用具有强大特征学习能力的深度学习算法分析网络流量，可以实现对网络发展态势的感知，及时有效地发掘网络中存在的异常情况，并且有针对性地采取一些措施，这些对于后期网络响应能力的增强、持续抵御网络不法攻击行为、快速维护网络空间中的安全等方面都具有非常重大的价值及意义。

9.3　路由算法与 QoS 管理

近几年来，互联网和移动通信产业的飞速发展促进了当前规模日益增长、异构，以及动态变化的复杂通信网络。越来越多的新兴网络应用（如视频会议、Web 查询等）对网络时延有着严格的要求。路由优化是当前网络建设中至关重要的方面，恰当的路由优化方法能够有效地减少网络时延，使得网络的负载更加均衡。传统的路由优化方法通常需要先收集网络的流量信息（如流量矩阵），然后根据这些信息进行路由优化，最后进行路由配置。然而，根据这些流量矩阵信息进行直接的路由优化是一个 NP-hard 问题，其算法复杂度高且求解时间呈指数级增长，并不适用于当前动态变化的网络环境。因此，在 SD-WAN 架构中，利用人工智能实现高效、自适应的网络流量路由优化方法对减少网络时延，确保网络的 QoS 具有重要意义。

9.3.1　基于强化学习的路径规划

在强化学习方法中，智能体通过不断与环境进行交互，能够进行动态的决策管理，因此强化学习法也常被用来解决路由优化问题。Q-Learning 是强化学习中基于值的算法，Q 即为 $Q(s,a)$，就是在某一时刻的 s 状态下（$s \in S$），采取动作 a（$a \in A$）能够获得的期望收益，环境会根据 Agent 的动作反馈相应的奖励。因此，该算法的核心思想就是首先构建一张 Q-table 存储状态和与动作对应的 Q 值，然后根据 Q 值选择能够获得最大收益的动作。

目前主流的 SD-WAN 控制器普遍提供了用于完成数据包转发的模块，其中常用的是 Dijkstra 最短路径算法，OSPF 动态路由协议中也用到了 Dijkstra 算法。该算法每次都会查找起始节点到目的节点之间的最短路径，并将数据包沿着该路径进行转发。然而，仅仅依赖最短路径算法进行数据包转发会引发一个严重的问题。由于所有的数据包选择相同的转发路径，容易导致数据流聚集在一条路径上，从而严重降低链路利用率，并且容易导致网络拥塞。从路径优化的角度来看，这种方法存在局限性，因为它没有考虑到整个网络的流量状态。

在 SD-WAN 控制平面中，可以采用强化学习中的 Q-Learning 学习算法构建能生成路由决策的模型。通过设计 Q-Learning 算法中适合的奖励函数，根据路径上的跳数不同或者利用率不同，产生不同的奖励值；在强化学习模型中输入当前网络拓扑矩阵、流量特征和优先级等信息进行训练，从而实现包含流量分类功能的 SD-WAN 路由规划，为每条流量找到符合要求的最短转发路径。

具体而言，通过特定的 QoS 适应度函数，根据链路的时延、抖动、带宽利用率、使用成本、丢包率等参数计算出奖励值，并引入强化学习的训练过程来指导模型的学习过程。通过这种方式，可以得到能够满足特定 QoS 需求的转发路径，从而满足用户多样化的网络业务需求。此外，这种基于强化学习的方法还能简化 SD-WAN 网络的运营管理，并且有效减少网络拥塞，提高网络资源的利用率。

9.3.2　QoS 优化算法

QoS 是服务质量的简称，指的是通过利用各种基础技术，为特定的业务提供更好的服务能力的网络特性。QoS 的研究关注如何提高网络的传输质量和服务保障能力。当网络发生过载或拥塞时，QoS 技术可以确保重要业务或应用的数据传输不受网络性能下降的影响。

一些应用（例如电子邮件和无时间限制的 Web 应用）并不需要 QoS 保障，因为传统网络的服务已能够满足它们的传输需求。然而，对于关键应用和多媒体应用而言，QoS 技术显得尤为重要，如手游和实时语音业务等，它们对网络的稳定性和传输效率有更高的要求。

SD-WAN 中的 QoS 优化问题可充分利用软件定义网络集中式控制的特点来解决。基于网络可用资源的情况，将流的 QoS 需求转换为寻路约束，并在 SD-WAN 控制器中运行路由方法计算出满足约束条件的路径来保障 QoS。QoS 的指标在 SD-WAN 中受到普遍关注，比如带宽、时延、跳数等，这些指标反映了网络性能和传输质量的重要方面。除此之外，有研究[1]提出了链路关键度的概念，使用链路关键度和带宽作为寻路依据，把计算出的链路关键度最小的路径视为最佳路径。还有研究[2]考虑到了交换机的负载。对于网络中的流，有的方法考虑到了同时存在普通流和有 QoS 需求的流的情况，并基于分类的思想，提供差异化路由计算。例如，Tomovic 等人[3]提出的QoS-Aware 算法，该算法简单地体现了对不同流的不同路由控制，对普通流执行默认的 Dijkstra 算法；而在为 QoS 流寻路时，则在寻路过程中加入带宽作为权重执行 Dijkstra

---

[1] 杨洋，杨家海，秦董洪. 数据中心网络多路径路由算法[J]. 清华大学学报（自然科学版），2016，56(3): 262-268.

[2] Chemeritskiy E, Smelansky R. On QoS management in SDN by multipath routing[C]// Science & Technology Conference. IEEE, 2015.

[3] Tomovic S, Prasad N, Radusinovic I. SDN control framework for QoS provisioning[C]//2014 22nd telecommunications forum Telfor (TELFOR). IEEE, 2014: 111-114.

算法。Yu 等人[1]提出的 ARVS 算法则对流和路径都进行分类，根据网络负载修改低优先级流的路径。

寻路的结果可能只选取一条满足条件的路径，也可能基于多路径的算法，找到若干路径，再在其中选择一条较优路径，其他的路径则作为备份路径。如有研究者提出了基于 SDN 的多路径 QoS 路由算法[2]，这种算法考虑了路由问题中找不到满足 QoS 路径的情况和出现链路故障的情况，它可以找到满足 QoS 需求的路径和与主传输路径节点不相交的路径。

综上所述，QoS 网络优化模型具有丰富的可调参数，可满足低时延、低抖动、大带宽、是否使用专线，以及提供服务等级等多种 QoS 意图，为每条业务流找到符合其 QoS 要求的最优转发路径。QoS 网络优化模型的设计还考虑了链路利用率的问题，可以有效地预防和减少网络拥塞。SD-WAN 控制器通过合理的路径选择和资源分配，可以充分利用网络资源，提高链路利用率，并确保各个业务流的顺利转发。此外，算法中还应考虑防环路和重路由机制，以提高算法的可靠性。这些机制可以防止网络中出现环路，同时在链路发生故障或拥塞情况下实施重路由，确保业务流的稳定传输和可靠性。

9.4　广域网传输的拥塞控制

拥塞控制是计算机网络研究中最基本和最具挑战的问题之一。对拥塞控制协议的要求是易于实现且能够最大化源地址和目的地址之间路径的吞吐量，避免网络之间出现拥塞。由于可用的瓶颈带宽和传播时延变化范围较大，甚至在几个数量级范围上波动，时延带宽积（Bandwidth Delay Product，BDP）随之出现比例变化。因此，拥塞控制协议必须能够在 BDP 的范围内有效运行。时延带宽积如图 9-14 所示。

---

① Yu T F, Wang K, Hsu Y H. Adaptive routing for video streaming with QoS support over SDN networks[C]//International Conference on Information Networking. IEEE, 2015.
② 孔德慧. 基于 SDN 的多限制多路径 QoS 路由算法研究[D]. 北京：北京邮电大学，2018.

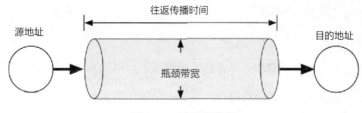

图 9-14　时延带宽积

拥塞控制的目标是最大程度地利用链路带宽，并确保源地址和目的地址之间的数据量等于 BDP。当满足这两个要求时，排队时延将保持最少。过去的几十年里，TCP由于简单、高效和扩展性强的特点被用于拥塞控制机制。然而，由于网络环境及流量需求的变化，当网络链路受损、往返传播时延变短或者 BDP 变大时，TCP 性能下降。为了解决 TCP 在新的网络环境中无法作为有效的拥塞控制机制的问题，研究人员同时从测量技术入手，通过基于队列、基于时延的测量方法满足拥塞控制协议的灵活性和准确性要求。基于队列的测量方法根据平均队列长度、瞬时队列长度，以及队列长度增长速率等来实现拥塞控制。对于多队列场景，学术界也有一定的研究成果。基于时延的测量方法则利用时延梯度、平均排队时延，以及队列逗留时延等进行拥塞控制。

近年来，随着交换机功能的增加、SD-WAN 控制器和相应协议的设计以及主机端能力的增强，拥塞控制的测量手段不再局限于队列长度和时延的测量，还增加了缓存余量、带宽等参数指标。拥塞控制协议的设计也更加关注网络的流量模式和应用的需求，拥塞控制的方法出现了和人工智能算法结合的趋势，使得拥塞控制越来越智能化、精细化。

9.4.1　传统 TCP 传输中的拥塞控制

随着互联网技术的快速发展，传统的广域网拥塞控制算法已经不能满足不断演变的网络场景下不同类型应用的需求。例如，现在广泛部署的 Cubic 算法是基于丢包事件作为拥塞信号的，但在当前普及的无线网络环境中，由于无线信道的特性，非拥塞相关的丢包事件非常常见，导致 Cubic 算法无法适应无线网络的特点。

此外，随着互联网技术的发展，越来越多的应用对网络时延有着严格的要求，如直播、点播、AR、VR 等。然而，Cubic 算法的数据传输策略总是尝试以最大的速率填满链路容量，这会导致缓冲区过载问题，会使数据包的排队时延变得很长，这与对时延敏感的应用的服务质量要求相冲突。

同时，互联网流量也呈现出日益集中化的趋势。大型互联网公司向用户提供服务，并将服务器尽可能地靠近用户端，以提高服务质量。这种趋势也得益于网络技术的进步，例如，利用 CDN（Content Delivery Network，内容分发网络）技术，以提供更好的用户体验和服务质量。

目前互联网的现状可以总结为以下几个方面。

- 网络环境越来越异质化：用户通过不同的接入方式连接到互联网，包括 Wi-Fi 网络、有线网络、蜂窝网络（2G、3G、4G、5G）甚至卫星网络，不同的网络环境有各自的特征，单个拥塞控制算法常常不能在所有的网络环境中都有较好的性能表现。

- 应用类型越来越多样化：社交媒体与即时通信类应用、在线娱乐和流媒体应用、电子商务和在线购物类应用、游戏类应用、日常办公应用……不同的应用类型具有各自独特的性能要求，如在线游戏和实时语音应用需要低延迟与高可靠性、流媒体应用需要高带宽和稳定性，这意味着现有的拥塞控制算法采用的"一刀切"设计无法满足应用类型多样化的性能需求。

- 互联网上的流量越来越集中化：少数大型互联网公司占据了市场主导地位，这些公司提供了各种各样的在线服务，吸引了大量的用户和流量。用户通过访问这些平台来获取所需的服务和内容，导致流量集中到这些服务提供商上。同时 CDN 技术被广泛应用于互联网服务中，它通过在全球范围内分布的服务器来缓存和传送内容，以提高用户访问速度和体验。大型互联网公司利用 CDN 技术部署服务器节点，将内容和服务就近提供给用户，减少了延迟和带宽消耗。这也导致了流量集中在这些服务器节点上。

考虑到上述现象，越来越多的公司尝试优化拥塞控制算法来提升服务质量，目前最新、最成功，并且得到广泛部署的算法是 Google 提出的 BBR 算法。BBR 算法尝试通过一种全新的视角来解决 Cubic 算法导致的缓存过满问题，从而提升 YouTube 等点播和直播类应用的服务质量。

然而，尽管 BBR 等算法取得了一定的成功，但它们并非在所有的场景下都能表现出较好的性能。这是因为 BBR 算法和 Cubic 算法都采用了一种固定的设计，无法自动适应不同的网络环境和满足多种多样的应用性能需求。近年来，由于机器学习算法在学术界和工业界取得了巨大的成功，人们开始尝试将机器学习算法引入拥塞控制算法的设计中。通过引入机器学习算法，拥塞控制算法可以更加灵活地适应不同的网络环境和应用需求。它们能够自动学习和调整策略，以优化网络性能、降低延迟、提高带宽利用率等。此外，机器学习算法还能够适应网络环境的动态变化，可以根据实时情况进行智能决策，从而提供更好的用户体验和服务质量。

9.4.2　基于机器学习的广域网数据拥塞控制

基于机器学习的广域网数据拥塞控制算法由于其潜在的对不同网络环境的适应性，近年来越来越受到人们的关注。Remy 是第一个采用强化学习框架生成拥塞控制策略的拥塞控制算法，目标是通过机器学习方法自动设计出优化的拥塞控制算法，以提高网络性能和传输效率。Remy 的设计基于一种称为"情境实验"的方法。在情境实验中，Remy 使用一个虚拟网络模拟器，通过模拟各种网络环境和传输场景来训练和评估不同的拥塞控制策略。在每个情境中，Remy 会尝试不同的拥塞控制动作，并根据网络性能的反馈来调整策略，并在下一轮迭代中再次进行训练和评估。这个过程一直进行，直到找到最优的拥塞控制策略。相比传统的拥塞控制算法，通常通过人工设计和调整来实现，Remy 可以自动适应不同的网络环境和传输场景，同时可以发现和优化那些人工设计难以捕捉到的拥塞控制策略。但 Remy 生成的拥塞控制策略是基于训练过程中观察到的情境实验结果，因此，可能对于未见过的网络环境和传输场景表现不佳。它可能无法适应实际网络中的变化和新出现的拥塞情况，需要进一步调整和优化。而互联网中的环境是复杂多变的，因此当在互联网中使用 Remy 算法时，其性能可能不及预期。

另一种数据拥塞控制算法为 Indigo，它通过训练一个神经网络来直接学习相应的数据发送策略。其性能、公平性、友好性同样依赖于训练环境，而且由于内核自身的限制，它只能在用户态部署，因此，其运行开销在生产环境中是难以接受的。

虽然 Remy 和 Indigo 均存在一些限制，但和传统的广域网数据拥塞控制算法相比，这些基于机器学习的广域网数据拥塞控制算法的数据传输策略由学习算法在训练环境中自动地学习得到，因此，基于机器学习算法的广域网数据拥塞控制算法具备对于不同网络环境潜在的适应性，可能比传统的广域网数据拥塞控制算法有更好的性能表现。

9.5 负载均衡与流量预测

现代网络中存在多种业务，这会导致网络流量可能面临以下问题：少数高速率和大数据量的数据流占用了大部分网络带宽，数据流的发送速率变化迅速且存在高度突发性，导致某些链路的利用率较低，但其他链路却频繁发生拥塞。当拥塞发生时，会使报文传输延迟增加，网络吞吐量下降，在拥塞严重的情况下甚至会出现报文丢失，从而影响业务的性能和服务质量。

负载均衡是网络资源管理的一个重要内容，它在维护和管理网络资源时起着关键作用。通过实施负载均衡，可以避免系统出现瓶颈，并有效避免资源的浪费。良好的网络流量调度策略对于降低网络延迟和提高网络吞吐量至关重要。当我们能够提前了解下一个时间段的网络流量时，就能够有效地进行数据中心的流量调度和负载均衡。换句话说，准确预测下一时刻的网络流量也是实现网络性能提升的关键。通过预测流量情况，并根据预测结果制定相应的路由和流量调度策略，可以最大程度地优化网络性能。这种预测流量的能力使得网络管理者能够提前做出决策，以确保网络资源的高效利用和流量的均衡分配。

9.5.1 网络负载均衡

负载均衡技术主要用于 Web 服务、FTP 服务、业务关键型应用和其他网络应用，这些应用通常在高负载环境下运行，需要有效地分配请求以确保快速响应和高性能。因此，负载均衡的主要目标是最小化响应时间、成本和最大化吞吐量[①]。在过去的几十年里，为了解决这个问题，研究人员提出了不同的方法。然而，现有的负载均衡器仍然存在一些限制和缺点，比如缺乏灵活性，在面临紧急情况或突发的大负载时无法及时做出调整和适应。这可能导致系统性能下降、响应时间延长或服务中断。在 SD-WAN 中采用负载均衡技术可以有效克服传统负载均衡的一些缺点，并提供一种简单、高效且灵活性较高的解决方案。SD-WAN 通过控制器控制整个网络，并对网络中所有的流量数据进行统一管理和分配，因此 SD-WAN 使得负载均衡更加灵活地适应网络负载和动态变化的特点。

当前 SD-WAN 控制平面的负载均衡在实施时，常见的架构主要分为集中式 SD-WAN 架构和分布式 SD-WAN 架构。

集中式 SD-WAN 架构是一种典型的 SDN 架构，是 SDN 负载均衡研究的主要方向，包括控制器和多个 SDN 交换机及服务器。在集中式 SD-WAN 架构中，所有的 SD-WAN 控制平面功能被集中在一个中心化的控制器中。控制器负责网络的管理、监控和决策，并根据网络状况和策略要求对流量进行调度和分发，保证了拓扑的一致性，如图 9-15 所示。所以，对于该架构主要研究 SD-WAN 网络中的服务器、链路、流量和单一控制器的负载均衡，主要思路是通过控制器实时统计网络中的负载，根据负载均衡策略动态调整服务器和链路的负载，从而更加充分地利用有限的网络资源，提升网络稳定性。

---

① 刘佳美. 基于流量预测的 SDN 控制平面的预部署研究[D]. 内蒙古：内蒙古师范大学，2020.

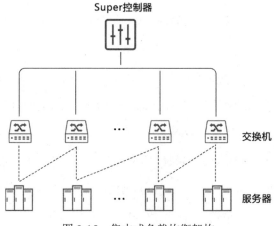

图 9-15　集中式负载均衡架构

Liu 等人[①]针对传统的负载均衡机制导致的缓存节点之间的负载不平衡问题,提出了一种新的分布式缓存机制 DistCache,它为大型网络系统提供了可证明的负载均衡。其关键思想是在不同层的缓存节点之间使用独立的散列函数对热对象进行分区,并自适应地进行路由查询。通过统一扩展图、网络流和排队理论中的技术,证明了 DistCache 能够使缓存吞吐量随缓存节点的数量线性增加。

Long 等人[②]提出了一种新的路径交换算法 LABERIO 来动态平衡流量。LABERIO 的目的是最小化网络延迟和传输时间,并通过更好地利用资源来最大化吞吐量。在两种网络架构下的实验表明,LABERIO 的响应时间比其他典型的负载均衡算法要短。

Milan[③]介绍了应用于云负载均衡领域的自然启发的元启发式技术,重点介绍了克服云负载均衡挑战的优化算法及其优势。此外,为了解决云环境中的负载均衡问题,

① Liu Z, Bai Z, Liu Z, et al. {DistCache}: Provable Load Balancing for {Large-Scale} Storage Systems with Distributed Caching[C]//17th USENIX Conference on File and Storage Technologies (FAST 19). 2019: 143-157.

② Long H, Shen Y, Guo M,et al.LABERIO: Dynamic load-balanced routing in OpenFlow-enabled networks[C]//Advanced Information Networking and Applications (AINA), 2013 IEEE 27th International Conference on.IEEE, 2013.DOI:10.1109/AINA.2013.7.

③ Milan S T, Rajabion L, Ranjbar H, et al. Nature inspired meta-heuristic algorithms for solving the load-balancing problem in cloud environments[J]. Computers & Operations Research, 2019, 110: 159-187.

他分析了自然启发的元启发式算法的优缺点，并考虑了其面临的重大挑战，提出了未来更有效的技术。

集中式 SD-WAN 架构的优势在于"集中"。由于控制决策集中在一个控制器上，集中式架构可以更加灵活地进行网络优化和资源管理。管理员可以通过集中控制器进行流量调整和策略更新，快速适应网络变化和业务需求。但集中化控制不可避免地面临一些限制：如控制器出现单点故障时，网络设备无法获取配置信息或进行流量调度，可能影响整个网络的正常运行；集中式控制平面需要处理和管理由整个网络的配置和流量调度而带来的延迟和带宽压力；网络规模可能受限于集中控制器的性能等。因此分布式 SD-WAN 架构被提出。

分布式 SD-WAN 架构指在控制平面部署多个控制器共同管理网络，如 Onix、Hyperflow 等。在分布式 SD-WAN 架构中，将 SD-WAN 控制平面功能分布在多个本地设备或边缘节点上。每个设备具有一定的自治能力，可以独立地进行本地流量调度和决策，以实现负载均衡。

在分布式 SD-WAN 架构下，控制器主要有扁平式和层次式两种组织方式，如图 9-16 所示。

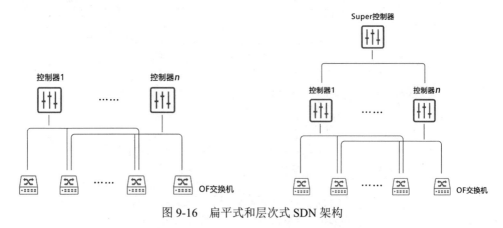

图 9-16　扁平式和层次式 SDN 架构

在扁平式架构中，所有的控制器具有相同的地位和功能，它们共同协作来管理整个 SD-WAN 网络。每个控制器都可以独立地进行网络设备的配置、流量调度和决策。

在这种架构下的控制器之间通常采用协同协议来交换信息和同步状态，以确保网络的一致性和可靠性。扁平式控制器架构具有简单性和灵活性的优势，可以适应规模较小的网络环境。

在层次式架构中，SD-WAN 网络被划分为多个逻辑区域或域，每个域由一个控制器负责管理。这些控制器形成一个层次结构，上层控制器负责整体网络的决策和管理，下层控制器负责本地域内的设备配置和流量调度。上层控制器可以收集下层控制器的信息，并进行全局的网络优化和决策。层次式控制器架构适用于规模较大、复杂性高的网络环境，可以提供更好的可伸缩性和灵活性。

Cimorelli 等人[①]提出了一种分布式的负载均衡算法，其目的是动态地平衡 SDN 控制器集群上的控制流量，以最大程度地减少延迟并提高总体集群吞吐量。该算法基于博弈论，使控制器能够收敛于一个特定的平衡状态，该状态被称为 Wardrop 均衡。数值仿真的实验结果表明，该算法优于标准的静态配置方法，能够达到合理利用资源、增加吞吐量、最小化延迟的目的。

Selvakumar 等人[②]提出了一种基于增强蚁群优化的分布式负载均衡新方法。该方法通过缓解云计算中的负载均衡问题，在用户需求分布的所有服务器之间进行负载均衡，实现云资源的利用率最大化，增加吞吐量，提供良好的响应时间，减少资源消耗。

在控制平面部署多个控制器在能够有效地解决集中式架构下单控制器单点失败、负载过重和可扩展性低等问题的同时，也引入了新问题。例如，控制平面多个控制器如何部署，多个控制器之间如何协调，采取何种策略分配数据流等，不适合的数据流调度策略可能会导致控制平面各控制器负载分布不均，从而增加能耗、降低网络性能、增加响应延迟等。

---

① Cimorelli F, Priscoli F D, Pietrabissa A, et al. A distributed load balancing algorithm for the control plane in software defined networking[C]//2016 24th Mediterranean Conference on Control and Automation (MED). IEEE, 2016: 1033-1040.

② Selvakumar A, Gunasekaran G. A novel approach of load balancing and task scheduling using ant colony optimization algorithm[J]. International Journal of Software Innovation (IJSI), 2019, 7(2): 9-20.

综合而言，两种架构都有各自的优势和适用场景。选择合适的控制器组织方式取决于网络的规模、复杂性、性能需求，以及管理和决策的分布程度。在实践中，还可以采用混合式的控制器组织方式，根据具体的网络需求和架构设计进行灵活配置和部署。

9.5.2 网络流量预测

在 SD-WAN 架构中，网络流量的准确预测对于网络管理、规划和安全都具有重要意义。它是网络状态的直观反映，能够帮助网络管理员了解网络的运行状况并做出适当的决策，特别是在面对复杂的网络环境时，准确的流量预测对于网络资源优化和负载均衡至关重要。

通过对网络流量进行准确预测，可以合理分配和管理网络资源，避免资源的浪费和不均衡现象。通过预测流量变化趋势和高峰时段，网络管理员可以根据预测结果进行容量规划和资源调度，以确保网络的高效运行和用户需求的满足。除此之外，准确的流量预测可以帮助发现网络中的瓶颈和拥塞点，以便我们采取相应的负载均衡措施。通过预测流量分布和变化，SD-WAN 控制器可以动态地调整流量的路由和分发策略，使网络中的流量更加均衡地分布，提高网络的性能和吞吐量。

近年来，国内外的学者们已经广泛研究了流量预测领域，并通过引入机器学习方法取得了一定的研究成果。机器学习算法可以根据历史流量数据和相关特征进行模型训练，以用于预测未来的流量情况。这种方法能够更好地适应复杂的网络环境和流量模式，并提供较高的预测准确度。

要预测网络流量的未来趋势，首先要做的就是通过软硬件收集目标的流量信息，进而建立合理的模型，然后预测出未来时间的网络流量。但是网络流量序列具有可变性、混沌性、时效性、非线性等复杂特性，使得建立准确的网络流量预测模型变得复杂而具有挑战性。然而，研究者们仍然致力于利用各种方法对网络流量进行预测，通过不断研究和创新，他们已经取得了一定的成果。

Tian 等人[1]研究了电信和以太网流量预测问题。为了提高网络流量预测的准确性，他们利用灰色模型和 Elman 神经网络的优点，分别获得灰色模型和 Elman 神经网络预测值，并给出两种预测模型的不同权系数，提出了一种混合网络流量预测模型，以及一种改进的收敛速度快、精度高的搜索算法。他们通过该算法确定了网络流量混合预测模型的最优权系数，将两个预测模型的结果乘以权系数，得到最终预测值。基于改进的协调搜索算法的网络流量混合预测模型具有较高的预测精度，但不足之处是算法的执行效率较低。

Zang 等人[2]针对现有的方法主要集中于短期预测问题，提出了一种基于剩余反褶积的深度生成网络（RDBDGN）模型，来处理长期数据流预测问题。该模型由一个生成器和一个判别器组成，生成器由多通道残差反卷积神经网络构成，判别器包含一个旨在优化对抗性训练过程的卷积神经网络。该方法已成为预测未来长期流量的重要参考方法。

Rutka[3]提出了一种基于 ARIMA 和神经网络模型的网络流量预测模型，实验验证了基于 ARIMA 和神经网络模型预测的准确性。网络流量反映了通信网络的特征和用户的行为，它是网络流量工程以及网络管理的重要输入参数。

Jiang 等人[4]针对通信网络中网络流量预测问题，提出了一种新的大规模通信网络流量预测算法。首先，该算法利用信号分析理论将网络流量从时域转换为时频域，在时频域，将网络流量信号分解为低频和高频分量。其次，该算法使用灰色模型对低频分量建模，并利用白高斯噪声模型描述其高频分量，然后建立低频和高频分量的预测

① Tian Z, Li S, Wang Y, et al. A network traffic hybrid prediction model optimized by improved harmony search algorithm[J]. Neural Network World, 2015, 25(6): 669.

② Zang D, Fang Y, Wei Z, et al. Traffic flow data prediction using residual deconvolution based deep generative network[J]. IEEE Access, 2019, 7: 71311-71322.

③ Rutka G. Network traffic prediction using ARIMA and neural networks models[J]. Elektronika ir Elektrotechnika, 2008, 84(4): 53-58.

④ Jiang D, Xu Z, Xu H. A novel hybrid prediction algorithm to network traffic[J]. annals of telecommunications-annales des télécommunications, 2015, 70: 427-439.

模型。最后利用实际网络的网络流量数据验证该方法的有效性。

Este 等人①采用支持向量机算法对线性特征进行转变，从而避免了其他算法中过度学习的问题。支持向量机模型能极大地提高算法效率，可以取得较好的预测精度，但缺点是需要通过穷举法搜索，这对于大型网络流量数据，难以实现准确预测。

Fan 等人②提出了一种基于长期直觉模糊时间序列的网络流量预测模型。该模型描述了网络流量的模糊性和不确定性，提高了流量预测性能，定义了多输入多输出（MIMO）直觉模糊时间序列预测模型，提出了一种基于矢量变化模式的直觉模糊时间序列矢量聚类算法。与其他传统的预测模型相比，改进的 FCM（Fuzzy C-Means）聚类算法提高了时间序列片段的识别率。此外，与其他单输出模型相比，该方法提高了预测效率，降低了计算复杂度。

在网络流量预测中，准确性是一个关键指标。网络流量模型的计算量通常非常庞大，而传统的机器学习算法可能只能处理少量的流量数据。这时，最大熵模型的优势——收敛性——就体现出来了。无论数据量的大小如何，最大熵模型的准确性都不会受到影响。在大型和复杂的网络环境下，基于最大熵模型的 PPME（Predictive Power-based Maximum Entropy）模型在流量预测方面展现出较高的准确性。PPME 模型利用最大熵模型来解决网络流量预测问题，并通过基于预测能力的评估指标来进行模型优化。这种方法能够更好地适应复杂的网络场景，并提供较为准确的流量预测结果。

预测网络流量的未来趋势对于网络规划、资源管理和决策制定具有重要意义，可以帮助提高网络的性能、优化资源分配，并更好地满足用户的需求。因此，对网络流量预测的研究仍在不断进行，以进一步提高预测的精度和可靠性。

---

① Este A, Gringoli F, Salgarelli L. Support vector machines for TCP traffic classification[J]. Computer Networks, 2009, 53(14): 2476-2490.

② Fan X, Wang Y, Zhang M. Network traffic forecasting model based on long-term intuitionistic fuzzy time series[J]. Information sciences, 2020, 506: 131-147.

9.6　人工智能与 SD-WAN 安全

在保护计算机网络基础架构正常运行的过程中，分析和检测异常网络行为是一项重要的工作。然而，由于网络流量、日志等数据的规模巨大，准确地发现其中的异常行为成为一项挑战。为了应对这一问题，研究者们在传统网络检测的基础上，对 SD-WAN 网络的特性进行改进，提出了许多基于 SD-WAN 网络的攻击识别与检测思路。

通过结合 SD-WAN 网络的集中控制和增强的流量统计与信息收集能力，研究者们在特征提取、信息采集方式和检测算法选择等方面进行了不同程度的研究和探索。研究者们希望开发出针对 SD-WAN 网络的有效异常行为识别和检测方法。

其中，特征提取是关键步骤之一。研究者们通过分析 SD-WAN 网络的流量、日志和其他相关数据，提取出能够反映异常行为的特征。这些特征可以包括流量的统计信息、流量的时序模式、网络流量的频率和幅度等。合理选择和提取这些特征，可以有效地揭示 SD-WAN 网络中的异常行为。

此外，信息采集的方式也是研究的重点。传统的网络监测方法可能无法充分利用 SD-WAN 网络的特点，因此，研究者们提出了针对 SD-WAN 网络的信息采集策略，这包括在 SD-WAN 控制器中收集关键信息、监测数据包的传输路径和链路状况等。通过全面而准确地采集网络信息，可以为异常行为的检测提供更多的依据和参考。

针对 SD-WAN 网络的检测算法也得到了广泛研究。研究者们通过结合机器学习、数据挖掘和统计分析等方法，开发了适用于 SD-WAN 网络的异常行为检测算法。这些算法可以基于历史数据进行训练和学习，从而能够识别出网络中的异常行为，并及时采取相应的应对措施。

其中，传统网络中的检测方法对于 SD-WAN 网络中入侵流量的识别具有借鉴意义。例如，有学者提出了一种保护软件定义网络中网络组件的混合流检测方法[1]，该方法通过将支持向量机与自组织图方法结合起来，提高了网络流量分类的性能，针对 OpenFlow 交换机中流表条目进行分类，利用支持向量机花费较少的时间来生成高精度输出分类，再用自组织映射的神经元对分类结果做出更可靠的预测。Song 等人[2]提出一种基于机器学习算法的攻击感知系统，他们在系统中采用机器学习算法及异常检测数据对数据集进行建模计算，使用精简特征属性对数据集预处理，从而减少时间消耗，该系统有助于 SD-WAN 控制器正确应对攻击行为。刘俊杰等人[3]提出了一种针对 SD-WAN 网络的基于 C4.5 决策树的检测方案，通过从交换机中获取流表条目信息，执行 C4.5 算法来建立决策树用于流量分类，并进行了相关实验来评估其性能。虽然此方法降低了整个入侵检测系统的成本，也降低了延迟，但 C4.5 算法仍然有改进的空间，即当数据集样本数量增加时，检测时间消耗同步增加。

　　SD-WAN 网络的全局控制特性增强了网络流量的统计与收集能力，这有助于检测攻击流量。Schueller 等人[4]利用 SD-WAN 架构的特性，提出基于流的检测概念，方法是通过基于 SD-WAN 流特征的提取检测，采用支持向量机作为模型的检测算法，构

① Phan T V, Bao N K, Park M. A novel hybrid flow-based handler with DDoS attacks in software-defined networking[C]//2016 Intl IEEE Conferences on Ubiquitous Intelligence & Computing, Advanced and Trusted Computing, Scalable Computing and Communications, Cloud and Big Data Computing, Internet of People, and Smart World Congress (UIC/ATC/ScalCom/CBDCom/IoP/SmartWorld). IEEE, 2016: 350-357.

② Song C, Park Y, Golani K, et al. Machine-learning based threat-aware system in software defined networks[C]//2017 26th international conference on computer communication and networks (ICCCN). IEEE, 2017: 1-9.

③ 刘俊杰，王珺，王梦林，王悦. SDN 中基于 C4.5 决策树的 DDoS 攻击检测[J]. 计算机工程与应用，2019, 55(20): 84-88.

④ Schueller Q, Basu K, Younas M, et al. A hierarchical intrusion detection system using support vector machine for SDN network in cloud data center[C]//2018 28th International Telecommunication Networks and Applications Conference (ITNAC). IEEE, 2018: 1-6.

建了用于软件定义网络的分层入侵检测体系结构。Xu 等人[1]提出了 SD-WAN 网络的异常流检测方法，该方法利用网络交换机中的流表条目信息提取异常流的特征属性，利用信息熵将流的非数值特征转换为数值特征，之后通过数值特征训练 BP 神经网络模型，有效检测 SD-WAN 中的异常流量。Krishnan 等人[2]提出了一种新的云网络安全方案 CloudSDN，该方案支持 SDN 框架，解决了云网络中的一些安全问题。他们提出通过设定 SDN 安全方案，在数据平面部署网络安全功能，并在控制平面部署应用程序，从而集中化管理网络安全。该方案同样也适用于 SD-WAN 网络。Birkinshaw 等人[3]提出了一种基于 SD-WAN 网络的入侵检测及防御系统，该系统可监视网络中是否存在攻击行为，将基于信用的阈值随机游走机制和速率限制机制相结合的方法作为防御端口扫描的一种方案，并使用 QoS 功能减小 DoS 攻击行为产生的危害。

当前对于 SD-WAN 网络中入侵检测技术的研究主要集中在将传统网络中的检测策略与 SD-WAN 环境相结合，然而许多研究并未充分发挥 SD-WAN 的控制特性。但另一方面，在机器学习方法中，周期性地收集交换机流表条目数据，在网络规模变大时，会给控制器带来一定的负载。随着 SD-WAN 在大规模网络中的广泛应用，整个网络中的流量交换数据量增加，控制器模块可能面临性能瓶颈的挑战。

因此，未来的研究方向之一是如何合理地将 SD-WAN 网络的全局控制性能应用到入侵检测中。这意味着需要开发新的入侵检测算法和策略，利用 SD-WAN 的控制特性来实现更高效和精确的入侵检测。例如，控制器可以通过对网络流量的实时监控

① Xu Y, Cui C, Xu T, et al. Research on Detection Method of Abnormal Traffic in SDN[C]//Artificial Intelligence and Security: 5th International Conference, ICAIS 2019, New York, NY, USA, July 26-28, 2019, Proceedings, Part I 5. Springer International Publishing, 2019: 248-259.

② Krishnan P, Achuthan K. CloudSDN: enabling SDN framework for security and threat analytics in cloud networks[C]//Ubiquitous Communications and Network Computing: Second EAI International Conference, Bangalore, India, February 8–10, 2019, Proceedings 2. Springer International Publishing, 2019: 151-172.

③ Birkinshaw C, Rouka E, Vassilakis V G. Implementing an intrusion detection and prevention system using software-defined networking: Defending against port-scanning and denial-of-service attacks[J]. Journal of Network and Computer Applications, 2019, 136: 71-85.

和分析，识别出异常流量模式或潜在的入侵行为，并迅速采取相应的防御措施。另外，研究人员还可以探索如何在 SD-WAN 网络中实现分布式的入侵检测体系结构。通过将入侵检测功能分散到 SD-WAN 中的边缘设备或交换机上，可以减轻控制器的负载压力，并提高整体的入侵检测效率和响应速度。这样的分布式架构可以更好地适应大规模和复杂的 SD-WAN 网络环境，并提供更强大的入侵检测能力。

综合而言，人工智能与 SD-WAN 安全的结合为 SD-WAN 网络提供了更强大的安全保护能力。这样不仅能够提高入侵检测和预防的准确性和效率，还能够实现安全决策和策略制定的智能化。这将帮助组织更好地应对日益复杂和多样化的网络安全威胁，确保网络的稳定性、可靠性和机密性。

SD-WAN 的未来

通过前面章节的介绍，我们已经了解到 SD-WAN 作为网络技术的重要创新成果之一，已在业界取得了显著的成功。随着数字化时代技术的快速发展，SD-WAN 已经从原本仅关注分支机构间连接的技术工具，逐渐演变为一个成熟的网络架构。它在改变组织的网络运营方式的同时，也对业务流程和创新产生了深远的影响。它不再仅仅是一种网络技术，而是一种战略性的选择，以适应企业在数字化时代对网络灵活性、可靠性和安全性的迫切需求。

SD-WAN 的价值已经超越了单纯的连接功能的价值，它已经融入了云计算、边缘计算、人工智能等领域技术，可为企业提供更为智能和全面的网络解决方案。在未来，SD-WAN 将继续以其创新性的能力，推动企业的数字化转型，提升业务效率和竞争力。本章将着重探讨 SD-WAN 技术未来的发展趋势和应用前景。

10.1　SD-WAN 的增长空间

SD-WAN 在当前的数字化时代中具有巨大的增长空间。随着企业不断追求更高的网络性能、灵活性和安全性，以及数字化转型的不断推进，SD-WAN 除了可为企业建设更灵活、高效和安全的广域网，其外延也将不断延伸。下面我们将介绍几个可能的发展方向。

10.1.1　建设基于 SD-WAN 技术的广域网

SD-WAN，顾名思义，软件定义广域网，就是为建设广域网而生的。前几章我们介绍了源于 SD-WAN 的云联接和其应用场景，以及各行业中的实际案例，还详细探讨了 SD-WAN 与应用上云、人工智能的结合，我们可以深刻感受到 SD-WAN 在企业网络建设中所带来的活力。实际上，几乎所有传统的广域网方案都可与 SD-WAN 相结合，从而构建基于 SD-WAN 技术的广域网。这意味着 SD-WAN 的适用范围几乎可以无限扩展，它给企业带来了更多的机遇和可能性。

换句话说，建设基于 SD-WAN 技术的广域网是企业网络发展的关键步骤。无论是中小型企业还是大型组织，都可以利用 SD-WAN 的强大功能和优势，提升网络性能、降低成本，并实现更灵活、可靠的广域网架构。在 SD-WAN 的引领下，企业将能够快速适应不断变化的业务需求，为未来的业务增长和创新奠定坚实基础。

10.1.2　管理基于 SD-WAN 技术的广域网

"建设"与"管控"是网络最重要的两部分工作。而管控，在字面意义上即为管理与监控。

监控涵盖了对网络流量和性能的可视化管理，在传统的广域网方案中，实现这一目标需要大量的广域网探针或广泛使用 Netflow 技术。然而，这不可避免地需要投入大量成本。此外，部署和运行探针还会增加网络设备的负担，可能限制设备性能。同时，需要专业的 IT 运维人员才能完成可视化系统的部署和业务维护，对中小型企业而言，这更是增加了一个高门槛。

在管理方面，企业基础网络中存在着大量不同类型和品牌的网络设备，如防火墙、交换机和路由器等。管理网络即意味着要管理这些设备。然而，不同设备具有不同的设置和管理方式，不同品牌还有各自独特的规范和协议，统一管理仿佛天方夜谭。

如同计算、存储资源云化后，无法再依赖传统的服务器监控工具一样，对于云化后的广域网，传统网络监控工具所能提供的帮助也大幅减少。SD-WAN 作为网络云化工具，应具备网络虚拟云化后的云原生管理工具。SD-WAN 抓住了管控的实质内容，是网络，而非网元，其架构的灵活性和可扩展性则为管理者提供了更多控制和配置的选择。SD-WAN 控制层通过自动获取数据转发侧的网络拓扑等网络资源数据，将物理网络资源抽象成可以独立提供服务的逻辑网络，从而实现对 SD-WAN 数据转发层进行集中监控和管理，它支持按照不同的用户或者上层应用需求选择和配置不同的网络资源和路径。SD-WAN 使得 IT 人员在网络建设完成后，在几乎不更改底层网络配置的情况下动态管理网络。

管理基于 SD-WAN 技术的广域网需要管理者充分利用其灵活性，以及智能路由、安全性管理和性能监测等功能。通过有效的管理实践，管理者能够确保广域网的高效运行、安全性和可靠性，并满足企业不断变化的业务需求。

10.1.3　管理基于广域网的应用性能

网络的正常运行是为了应用系统的正常访问。尽管 SD-WAN 解决了网络问题，但网络的正常运行并不能保证应用系统一定正常。当报修故障的电话响起，IT 人员听到遥远而愤怒的声音，在抱怨着应用程序的卡顿和页面加载的中止时，就会感到头痛不已。然而，这样的抱怨并不可怕，真正可怕的是网络部门、应用部门和运维部门都表示各自没有问题，但应用程序仍然难以正常使用，却没有人知道原因，除非大费周章重新再排查一次……

应用性能管理系统就是为了解决这个难题而出现的。维护一个稳定、高效的应用系统不仅需要关注网络层面的运行，还需要深入了解应用程序本身。应用性能管理系统提供了应用系统端到端的可见性，你可从用户终端到后端服务器，全面了解应用程序的运行状况。通过对企业的关键业务应用进行监测、优化，来提高企业应用的可靠性和质量，保证用户得到良好的服务。该系统能够对企业的应用系统各个层面进行集中的性能监控，并对有可能出现的性能问题进行及时、准确的分析和处理。它就像 IT 人员的智囊团，能够快速而准确地帮助定位应用系统中的故障点，并提供解决建议和方案，从而显著提高系统的整体性能。

一个典型的应用性能管理系统由应用探针和管理平台两部分组成。探针负责捕捉应用运行过程中的各项数据，并将其上传至管理平台进行分析和展示。通常情况下，企业的应用程序部署在一个统一的数据中心，探针数据可以通过内部网络传输到管理平台。然而，随着企业业务规模的扩大和系统的迭代，为了灾难备份，企业可能会建设多个数据中心，并在不同的数据中心部署不同的应用程序。同时，随着上云趋势的火爆，企业应用程序也可能分布在多个云平台上。在这种情况下，应用性能管理系统所面临的环境不再局限于内部网络，而是扩展到广域网。

因此，在这样的情况下，传输至应用性能管理系统的探针数据质量变得至关重要。如果在传输过程中出现中断或延迟的情况，就好像"触手"被斩断一样，管理平台无法获得准确的数据，无法进行正确的判断和分析。由于数据传输需要跨越不同的数据中心或云平台，可能会面临网络拥塞、高延迟和不稳定性等问题，从而影响探针数据的及时性和完整性。

因此，在广域网中部署 SD-WAN，可以保障应用性能管理系统中从探针至管理平台的数据传输。

- 高可靠性：SD-WAN 利用多路径和多链路技术，可以同时使用多个网络连接传输数据。这种冗余路径的使用可以提高传输的可靠性，当某个网络链路出现故障或拥塞时，SD-WAN 可以自动切换到其他可用的路径，确保探针数据传输的连续性和稳定性。

- 智能路由：SD-WAN 具有智能路由功能，可以根据网络质量、带宽和延迟等因素，选择最优的路径进行数据传输。对于应用性能管理系统的探针数据传输，SD-WAN 可以根据实时网络状况选择最佳路径，减少延迟和数据丢失，从而优化数据传输的性能。

- 流量优化：SD-WAN 可以对传输的数据流量进行优化和压缩。通过使用压缩算法和数据去冗余技术，可以减少传输的数据量，降低带宽的占用，提高传输效率。这对于应用性能管理系统的探针数据传输特别重要，可以节省带宽资源，提供更快速的数据传输速度。

- QoS 保证：SD-WAN 支持灵活的质量服务（QoS）机制，其可以根据数据传输的优先级和需求，为应用性能管理系统的探针数据传输分配适当的带宽和网络资源。通过设置 QoS 规则，可以确保探针数据传输的优先级，避免数据传输受到其他应用或流量的干扰，保证数据的及时性和准确性。

- 安全性增强：SD-WAN 提供了强大的安全功能，可以对传输的数据进行加密和身份验证，保护数据的机密性和完整性。对于应用性能管理系统的探针数据传输，SD-WAN 可以提供安全的通信通道，防止数据被泄露和篡改，确保数据传输的安全性。

综合而言，利用 SD-WAN 技术可以为应用性能管理系统中从探针至管理平台的传输带来许多优势。通过提供高可靠性、智能路由、流量优化、QoS 保证和安全性增强等多方面优势加持，SD-WAN 可以优化数据传输的性能，确保探针数据的高质量传输，从而保证应用性能管理系统的可用性与准确性。

10.1.4　管理基于广域网的应用数据

随着互联网技术的迅猛发展和数字化转型的加速，机构或企业的数据规模和负载不断增加，以及业务需求的变化和峰值流量的波动都要求数据库系统能够弹性地调整和扩展。比如，证券行业基本上都以线上开户、线上交易为主；在政府和大型企业中，各省均推出了线上服务大厅，大部分事务都可通过线上进行。在这样的背景下，传统的单实例数据库很难支撑性能和存储的要求。同时，随着组织和企业的地理分布和业务需求的变化，数据需要分布于不同的地理位置和数据中心。集中式数据库在跨地理区域的数据传输和访问上面临挑战，并且单点故障可能导致整个系统不可用。为了应对大规模数据、高并发访问、高可用性等多方面的挑战，数据库技术正在经历一场巨大的变革，于是分布式数据库应运而生。

一个分布式数据库在逻辑上是一个统一的整体，它提供了统一的数据访问接口和查询语言，使得应用程序可以以一致的方式访问分布在不同物理节点上的数据。物理上，数据存储在不同的节点上，这些节点可以分布于不同的地理位置或数据中心。通过网络连接，应用程序可以跨越地理边界访问和操作这些分布式数据库。

分布式数据库的分布式存储架构拥有诸多优势。首先，它允许企业各个部门将常用数据存储在本地节点上，实现就地存放、就地使用。这样做可以减少数据的传输延迟，提高应用的响应速度，提升用户体验。其次，分布式数据库可以通过增加适当的数据冗余来提高系统的可靠性。当一个节点发生故障时，其他节点上的数据仍然可用，不会引起整个系统的崩溃，这保证了数据的可靠性和业务的连续性。此外，分布式数据库还具备良好的扩展性和弹性。随着业务的增长和数据量的增加，可以通过添加新的节点和资源来扩展分布式数据库系统，以应对更大的负载和更高的并发访问量。这种水平扩展的能力使得分布式数据库可以灵活地满足不断变化的业务需求。

显然，分布式数据库是数据库技术与计算机网络相结合的产物，也因此，其高度依赖于网络。比如，分布式数据库需要考虑查询问题，其需要做的就是把一个分布式数据库中的高层次查询映射为本地数据库中的操作，最后通过网络通信，将操作结果汇聚起来。因此，相对于集中式数据库，分布式数据库还要考虑"通信开销代价"。一方面，分布式数据库通过分片优化、连接优化等方式减少在网络通信中的传输数据量，另一方面，网络质量也会在很大程度上影响分布式数据库的运行效率。又如，基于灾备冗余理念建立的分布式数据库，需要保证数据库中各节点之间的数据实时保持一致，否则应用获取的数据很可能是过时的或错误的，这就要求各节点之间的网络保持稳定且持续。

而利用 SD-WAN 作为分布式数据库中的网络组件，可以优化数据传输和提升分布式数据库的性能，保障分布式数据库各节点之间的数据通信质量与可靠性。

- SD-WAN 可以通过多路径和智能的流量路由功能，将数据流量动态地分发到可靠的网络路径上。这可以降低网络延迟，减少发生丢包和故障的风险，提供更稳定和可靠的网络连接，确保分布式数据库的正常运行。

- SD-WAN 可以使用各种优化技术，如数据压缩、数据缓存和流量整形等，减少数据传输的带宽需求，提高网络性能和传输效率。这有助于加快分布式数据库中的数据传输和访问速度，提升应用性能和用户体验。

- SD-WAN 提供了强大的安全功能，如加密、身份验证和访问控制等，这可以保护分布式数据库中的数据传输和通信安全。此外，SD-WAN 还支持虚拟专用网络（VPN）和隔离技术，使用它可以将不同部门或分布式数据库之间的流量进行隔离，确保数据的保密性和隐私性。

- SD-WAN 提供集中化的网络管理平台，可以对分布式数据库中的网络进行统一配置、监控和管理。管理员可以通过该平台实时监控网络性能、流量负载和链路状态等，并进行故障排除和性能优化，以提高管理效率和网络可见性。

- 随着云计算的普及，分布式数据库可能会部署在多个云服务提供商那里或混合云环境中。SD-WAN 提供了连接和集成多云环境的功能，从而简化网络互联和数据流量管理，实现对不同云中分布式数据库的统一访问和控制。

通过合理配置和部署 SD-WAN 技术，可以提升分布式数据库的性能、可用性和管理效率，满足现代企业对高效数据管理和应用交付的需求。分布式数据库的最终实现目标是，"让一个分布式数据库看起来不像是一个分布式数据库"。

10.2　SD-WAN 与 5G

5G（第五代移动通信技术）是继 2G、3G 和 4G 之后，具有高速率、低时延和大连接特点的新一代宽带移动通信技术。虽然对 5G 的性能要求可能会因场景不同而有所不同，如在室内场景中，重点需要高速率与高容量；在野外场景中，重点是高覆盖率。但我们仍然可以参考国际电信联盟（ITU）定义的 5G 八大关键性能指标，其中高速率、低时延、大连接成为 5G 突出的特点。在最佳情况下，5G 用户体验速率可达 1Gbps，时延低至 1ms，用户连接能力可达 100 万个连接/平方公里[1]（注：1 平方公里 =1 平方千米）。当前，5G 已经成为支撑经济社会数字化、网络化和智能化转型的关键新型基础设施，逐渐渗透到各行业、各领域。它的高速率、低时延和大容量的特点为许多行业带来了巨大的机遇和创新潜力。

SD-WAN 的核心理念是将应用与基础链路解耦，实现虚拟化传输。而作为基础链路的其中一种，5G 自然也能与 SD-WAN 相结合，并且，我们相信随着 5G 时代的来临，SD-WAN 和 5G 相结合会成为一个重要的方向。

10.2.1　5G 技术对 SD-WAN 产生的重要影响

首先，5G 是无线接入且具备超大带宽、超低时延、海量连接的能力，可以支持大规模数据传输和实时应用的需求。特别是 5G 的端到端时延最短低至 1ms，再加上边缘计算等技术有望再进一步降低传播时延，5G 对时延敏感的工业控制类应用、交互类应用推广将会有极大的促进作用。在 4G 时代的 SD-WAN 解决方案中，4G 线路往往作为最后一道备线，当所有的固线中断时才启用，目的也只是保证最基础的业务不中断。而 5G 的传输能力与质量使其完全可以与固线比肩，甚至它有更好的基础链路，有更广泛的应用场景。因此，SD-WAN 作为网络入口，可以利用 5G 加快落地专

---

[1] Norp T. 5G requirements and key performance indicators[J]. Journal of ICT Standardization, 2018: 15–30-15–30.

线、专网及产业应用。

其次，5G 的切片能力可以将 5G 网络按照不同的业务需求和服务特性划分为多个独立的虚拟网络切片，每个切片可以根据具体的需求进行个性化配置和优化，从而为不同的应用场景提供定制化的网络服务。而 SD-WAN 提供了灵活的网络管理和配置能力。结合两者，可以在 SD-WAN 控制器上根据应用的需求动态创建和管理 5G 切片，实现网络的定制化配置，从而提供更适应业务需求的网络服务。如在制造业中，需要对生产线进行实时监控，以确保生产过程的顺利进行。通过 5G 切片，可以为实时监控应用创建一个专用的切片，该切片具有低时延和高带宽的特性。使用 SD-WAN，可以根据监控应用的优先级和实时需求，将流量动态路由到该切片，以保证实时监控的可靠性和性能。对于需要与云服务提供商进行数据交换和远程访问的场景，则通过 5G 切片为云连接和远程访问应用创建一个专用的切片，该切片具有较高的带宽和安全性。SD-WAN 可以优化云连接的路由选择，确保可靠的数据传输和访问速度，同时提供安全的远程访问策略，保护企业数据的安全性。

5G 网络提供了更高级别的安全性，包括加密通信、身份验证和访问控制等机制，如通过 SIM 卡、数字证书和身份验证协议，可以确保设备和用户的身份合法性。结合 SD-WAN，可以进一步增强网络的安全性。SD-WAN 提供了统一的安全管理策略，可以集中管理和强化安全措施，如防火墙、入侵检测和防御系统。使用 SD-WAN 的安全功能，可以为通过 5G 网络传输的数据提供额外的保护层，防止数据被泄露、攻击和未经授权的访问。

10.2.2　"SD-WAN+5G"的多种应用场景

"SD-WAN+5G"其实就是逻辑网络（Overlay）使用 SD-WAN，物理网络（Underlay）使用 5G。因此，SD-WAN 应用的典型行业场景，均可以与 5G 有机结合，从而推出功能更强的网络方案。

1. 金融领域

金融科技相关机构正在积极推进 5G 在金融领域的应用探索，该探索涵盖了多样化的应用场景。在金融领域，银行业是 5G 应用的先行者，而"SD-WAN+5G"则为银行业提供了整体改造的机会。

在前台，金融机构可以利用 5G 的高速、低时延特点，结合 SD-WAN 的灵活性和智能路由功能，实现智能网点的建设，或实现远程身份验证、远程贷款审批等业务操作。通过在网点中部署 5G 网络，可以实现更快速、高质量的数据传输和通信，从而支持实时交易、快速响应客户需求，并提供更智能化的服务体验。

在中后台，通过"SD-WAN+5G"可实现"万物互联"，快速收集、传输和分析大规模数据，以支持实时风险管理、交易决策和客户洞察，从而为数据分析和决策提供帮助，提升业务决策的准确性和效率。

除了银行业，证券、保险和其他金融行业也在积极探索和推动"SD-WAN+5G"的发展，以开创更多的数字化交互方式，为客户提供全方位的数字化体验。通过 5G 和 SD-WAN 的结合，这些金融机构能够实现更便捷、高效的远程服务，从而提升客户的满意度和参与度。

在证券行业，"SD-WAN+5G"为客户提供了便利的线上证券开户、审核和交易服务。客户可以通过 5G 网络快速、安全地进行账户注册和身份验证，无须前往实体机构，这大大节省了时间和成本。同时，通过 SD-WAN 技术的支持，交易数据的传输和处理可以实现高效率和低时延，确保交易的即时性和可靠性。

在保险行业，"SD-WAN+5G"为客户提供了更便捷的保险查勘、定损和理赔服务。通过远程视频技术，客户可以与保险专员实时通话和展示损失情况，从而加快查勘和定损的过程。同时，通过 5G 网络和 SD-WAN 的安全机制，客户的个人隐私和数据可以得到保护，确保信息的安全性。

这些新的数字化交互方式使金融服务更加便捷、多元化，推动了金融行业的创新变革。客户可以随时随地通过移动设备享受到金融服务，无须等待和排队，大大提升了用户体验。而金融机构也可以通过"SD-WAN+5G"的技术优势，实现更高效、智能的业务运营，提升业务效率和竞争力。基于创新的远程服务和数字化交互方式，金融服务变得更加便捷、快速、安全，为客户提供更优质的体验。"SD-WAN+5G"持续推动着金融行业的发展和创新。

2. 商贸连锁

过去由于无线网络网速有限，商贸连锁行业的形态主要分为线上与线下两种。线上通过各种移动 App 下单，需要引流入口；线下则多利用地理位置的优越性来吸引顾客。线上的核心优势是便捷，不用出门；而线下的核心优势是客户体验。线上方便、快捷的特点正是电商崛起的不二法门；但线上虚拟、难感知、质量难把控的特点使得线下零售的生命线得以延长。5G 的到来则将两种方式的优势结合起来，为商贸连锁企业提供立体的营销场景。商家可以借助 AR/VR 等多种方式拉近顾客与产品的距离，借助无人门店、云店、实体店实现多渠道引流与获客。在 5G 的加持下，未来的商贸连锁行业，"人、货、场"格局将发生全新的变革，形成全新的"新零售"模式。

3. 工业领域

以 5G 为代表的新一代信息通信技术与工业经济的深度融合为工业领域带来了新的发展机遇。将 SD-WAN 与 5G 技术相结合，能更好地满足工业车间的特定需求，如端到端低时延、高稳定性和可靠性等。这种结合为工业设备、传感器和机器人等大规模物联网设备提供了可靠的无线连接，同时满足高清视频监控、机器视觉等视频类业务对大带宽的需求。此外，这还能够避免有线网络布线的复杂性和高维护成本的问题。因此，结合 5G 技术，不仅能够在工厂车间网络的带宽、时延和安全性方面实现飞跃式的提升，还促进了车间设备与 5G 终端和网络的更深层次融合，从而对车间应用系统产生了革命性的影响。

同时，工厂车间的信息化供应商将根据"SD-WAN+5G"的特性进行应用升级，并转型生产 5G 嵌入式产品，从源头推动 5G 产业链的发展。这意味着供应商可以开发基于"SD-WAN+5G"的新型设备和解决方案，使工厂车间能够更好地利用网络的优势，实现更高效、灵活和智能的生产流程。这种革命性的影响将进一步推动工业领域的数字化转型，促使工厂实现更高水平的自动化和智能化，提高生产效率，降低成本，并为未来工业发展奠定坚实的基础。

4. 教育领域

以虚拟现实在教育领域的应用为例，虚拟现实使学生实现了沉浸式学习，提升学习效果。但由于需要实时进行图形渲染，这在非 5G 网络下面临着多种问题：内容得不到高效的分发，学生无法轻松获取虚拟现实内容；多个虚拟现实终端同时使用将导致带宽需求激增等，反而限制了多用户同时体验……这些极大地制约了虚拟现实技术在教育领域的发展。

5G 和 SD-WAN 的结合，不仅可以让学生更好地沉浸到虚拟现实教育内容中，提升学习效果，还可以实现优质教学资源的跨时空分享。教育机构可以将虚拟现实教育资源集中存储在云端，并通过 5G 网络和 SD-WAN 技术将其高效地传输到学生终端，无论学生身处何地，都能享受到相同的教育体验。这种灵活的网络定制为教育机构提供了更大的教学自由度和创新空间。

除了虚拟现实在线教育，"SD-WAN+5G"还支持智能校园建设。通过 5G 网络连接传感器、智能设备和物联网系统，可实现校园设施的智能管理和监控。同时，使用 SD-WAN 技术可以实现校园网络的灵活管理和流量控制，确保校园网络的安全性和高效性。

5. 能源领域

能源领域通常涉及广泛的设备和网络，包括发电厂、输电线路、智能电网等，需要对它们实时监测和管理。随着智能电网向海量连接、安全高效、末梢延伸发展，该领域面临的管理挑战越来越严峻：传统配网采用过流保护，停电影响范围大，排查效率较低；电网末梢神经的配网数量众多，且不健全；智能分布式配网对网络的时延和可靠性要求非常高……5G 网络的高带宽和低时延，有望解决电网末端海量终端接入的通信"卡脖子"问题，能更好地满足电网业务的安全性、可靠性和灵活性需求。同时 SD-WAN 可以提供灵活的网络连接，我们可以将各个设施连接到一个统一的网络，方便数据收集、分析和控制。这样能源公司就可以实时获取设备状态、能源消耗异常情况，从而及时采取措施来提高效率，降低成本。

"SD-WAN+5G"也可以应用于智能电网的建设和管理。智能电网需要实时收集大量的电力数据并进行分析，以实现电力的优化调度和能源的高效利用。5G 网络的高速传输和低时延，可以实现对智能电表、智能电网传感器等设备的快速数据采集和传输；SD-WAN 技术可以实现对多个电网节点的连接和数据汇聚，提供灵活的网络管理和控制。

"SD-WAN+5G"可为能源领域提供一张灵活调度的虚拟专网。它可以实现能源设备的远程监控和控制，提高能源运营效率；支持智能电网的建设和管理，优化电力调度；实现能源设备的远程维护和故障排查，提高设备的可靠性。这些应用为电力行业提供了新的无线接入方式，帮助能源行业实现数字化转型，提高能源管理的智能化水平和效率。

6. 公共交通领域

随着我国城市化进程的加快，交通拥堵、事故频发和尾气污染等交通问题日益突出。公交系统作为城市交通的组成部分同样面临这些问题。从公交集团的统计数据上看，一方面，针对公交通行效率方面的投诉比较集中，占比50%以上；另一方面，公交车的油耗占整个运营成本的15%以上，且是环境污染的主要因素。

为提高路口通行效率和能耗利用率，需实现车车、车路、车云实时通信，协同实现车辆运营的精细化管理。在带宽方面，路口多路视频的采集（如 4 路 1080p、30fps 的视频）对上行带宽的需求在 32Mbps 以上；在时延方面，3GPP、ETSI 等标准化组织对主动安全类应用的端到端通信时延要求控制在 100ms 以内，而视频信息本身的采集时延、编解码时延等已经在 60ms 以上，因此对传输时延要求控制在 30ms 左右[①]。

相较于 4G 网络，只有 5G 网络才能满足公交系统在带宽和时延方面的需求。结合 SD-WAN 的 QoS（服务质量）与传输安全性，利用 5G 通信技术可以真正搭建车内、车际、车云三网融合的车联网系统架构。5G 网络提供了高带宽和低时延的特性，可以支持公交车辆之间、车辆与交通基础设施之间的实时通信。SD-WAN 技术则提供了灵活的网络管理和控制功能，可以确保数据传输的稳定性和安全性。

7. 智慧医疗领域

在工信部和国家卫健委联合发布〔2020〕251 号文件《关于进一步加强远程医疗网络能力建设的通知》中，提到了"支持并鼓励社会各有关企业基于公众互联网或专线网络，采用 SD-WAN、实时视频通信、智能网络调度等多种技术方案，优化网络传输质量"。分级诊疗、远程医疗、健康管理等新业态的产生，必然驱动数据的有序流动、合理利用和安全分享[②]。SD-WAN 和 5G 技术的结合可以极大地改善医疗保健的效率、可靠性和智能性。

如在远程医疗场景下，SD-WAN 和 5G 技术可以提供高速、低时延的网络连接，使医生和患者之间的远程会诊和诊断变得更加实时和精确。医生可以通过高清视频通话进行远程检查，了解患者的症状和病情，从而提供更好的医疗建议。

对于医院内部的办公网络，5G 技术可以作为医院内部无线网络，提供高速互联网访问，医院内部的医疗设备、电子病历系统和手术室设备可以通过 SD-WAN 进行连接和管理，以提高医疗流程的协同工作效率。

医院内部的医疗设备和传感器可以连接到 5G 网络，实时监测患者的生命体征和病情。SD-WAN 则可以优化这些物联网设备的数据传输，确保医生和护士可以及时获取重要信息。

"SD-WAN+5G"为医疗领域提供了更强大、更可靠和更高效的网络基础设施，有

---

① 创业邦研究中心. 2020 5G 创新白皮书[R/OL]. [2020-11-30].
② 陈建伟，金迪，施平. 在互联网+背景下医疗行业的 SD-WAN 专网解决方案[EB/OL].[2021-11-29].

助于改善医疗保健的质量，同时可有效应对数据隐私和安全等方面的挑战，以实现对患者信息的保护，确保数据管理的合规性。

10.3　SD-WAN 与数字孪生

数字孪生是一种将物理实体（如设备、系统、过程）通过数字化技术映射为虚拟模型的概念。这种虚拟模型可以在数字环境中精确地模拟和反映物理实体的行为、性能和状态。数字孪生的概念源于工业领域，但现在已经扩展到多个领域，如制造、能源、城市规划、医疗等领域。

数字孪生的核心思想是将实际物体或系统的数据与虚拟模型的数据进行实时同步，使得实体在物理世界中的变化和行为能够被准确地反映在虚拟模型中。这使得人们可以通过虚拟模型预测实体的运行状态、性能变化和潜在问题，从而在虚拟环境中测试不同的决策和策略。

SD-WAN 与数字孪生紧密关联。一方面，SD-WAN 从数字孪生中受益匪浅。数字孪生为 SD-WAN 提供了更全面的数据驱动视角，帮助企业实时监测和分析网络状态，预测潜在问题，并通过数字模型模拟不同策略的影响。另一方面，SD-WAN 也为数字孪生提供基础支撑，更好地帮助企业构建与优化物理世界的实时仿真模型。

10.3.1　数字孪生为 SD-WAN 提供仿真环境

数字孪生的概念可以认为起源于数字样机。数字样机指使用计算机辅助设计（CAD）软件和其他数字技术创建的虚拟模型或原型。它可以是产品、零部件、建筑或其他物体的数字化表示，用于模拟和展示其外观、功能和性能。

随着数字化技术的不断发展，数字样机的作用也在不断增强。人们现在可以利用数字样机进行预装配模型的运动、人机交互、空间漫游和机械操纵等飞机功能的模拟仿真。通过与各种性能分析计算技术的结合，数字样机可以进一步模拟和仿真出机器的各种性能。利用数据分析和优化技术，数字样机可以评估产品的力学特性、流体动力学、热力学等性能参数，从而进行优化设计。因此，数字样机的作用已经从仅仅展示几何形状的样机扩展到了功能样机和性能样机。功能样机模拟产品的交互和操作方式，使设计师和用户能够更好地理解和评估产品的功能。而性能样机则更加注重模拟产品的物理特性和行为，为工程师提供更准确的性能预测和优化设计的能力。

发展至今，人们发现在数字世界里进行了多年的数字设计、仿真、工艺和生产等工作，这些工作逐渐与现实世界相对应，使得虚拟与实体之间的融合越来越紧密，广泛应用的领域也越来越多。数字虚体正在为物理实体系统赋能。近年来，人们提出了希望在物理空间中的实体事物与数字空间中的虚拟事物之间建立数据通道、相互传输数据和指令的交互关系的需求。在这种背景下，数字孪生的概念逐渐成型。作为智能制造中一种基于信息技术的新型应用技术，数字孪生开始进入人们的视野。

数字孪生的概念表达了对现实世界和数字世界之间联系的渴望。它通过将物理实体与其数字表示相连接，创建了一个动态的、实时的数字副本。这个数字副本可以模拟和预测物理实体的行为、性能和状态，并提供数据交互和协同决策的能力。比如，汽车设计师通过建立汽车的数字孪生模型，可以模拟车辆的性能、燃料经济性和碰撞安全性，这有助于优化车辆设计、改进驾驶体验，并提高汽车制造和维修过程的效率。

将数字孪生技术应用于网络，创建物理网络设施的虚拟镜像，从而搭建与实体网络网元一致、拓扑一致、数据一致的数字孪生网络平台。这与 SD-WAN 的统一管理能力完美契合。SD-WAN 实现了网络策略的统一下发与管理，但是策略下发后的实际影响面只能在网络策略下发后才能真正显示出来。在此之前，所有关于策略影响的结论都只是基于理论推算的结果。即使通过测试环境进行验证，也很难保证测试环境与实际环境完全一致，因此结果也可能存在差异。

数字孪生为 SD-WAN 提供了一个强大的仿真环境，为网络管理员和工程师提供了一个可靠的平台来模拟、测试和优化 SD-WAN 的性能和功能。通过数字孪生技术，可以创建一个虚拟的 SD-WAN 环境，完整地复制实际 SD-WAN 部署中的网络拓扑、连接和配置（如图 10-1 所示）。这个虚拟环境能够准确反映实际网络中的各个元素，包括分支机构、中心控制器、虚拟网络功能等。数字孪生的仿真环境可以与实际网络实时同步，确保数据和拓扑的一致性。

图 10-1　SD-WAN 数字孪生环境

在数字孪生的仿真环境中，网络管理员和工程师可以对 SD-WAN 进行各种操作和测试。他们可以模拟不同的网络场景和流量负载，评估 SD-WAN 的性能、带宽利用率和应用优先级。同时，他们可以对 SD-WAN 进行配置变更，比如调整带宽分配、修改路由策略等，观察这些变更对网络性能和应用体验的影响。

通过数字孪生提供的仿真环境，SD-WAN 的部署和优化变得更加安全和可靠。网络管理员和工程师可以在虚拟环境中进行实验和测试，而不会对实际网络造成任何影响。这样可以避免潜在的故障和中断，同时降低了测试和部署的风险和成本。

数字孪生为 SD-WAN 的部署和管理提供了一个强大的工具，通过它可以更准确地评估和优化策略的效果，提高网络的性能和可靠性。物理网络和孪生网络实时交互、相互影响，数字孪生网络平台能够助力企业实现网络的低成本试错、智能化决策与效率化创新，进而实现持续进步与高效的运维管理。

10.3.2　SD-WAN 为数字孪生提供基础支撑

数字孪生技术实现了虚拟空间与物理空间的深度交互与融合，其间的连接关系都建立在网络数据传输的基础之上。为了建立数字副本，需要不断通过传感器或移动装置等技术从周边环境中收集信息后，进行数据传输。无论是数据采集还是下达指令，数据的传输是实现数字孪生的重要组成部分之一。

数字孪生模型是动态的，建模和控制基于实时上传的采样数据。因此，其对于信息传输和处理时延有较高的要求。为了满足这一要求，数字孪生需要先进可靠的数据传输技术。这种技术应具备更高的带宽、更低的时延，支持分布式信息汇总，并且具有更高的安全性，以实现设备、生产流程和平台之间的无缝、实时的双向整合或互联。

传统无线通信网络的数据传输稳定性和可靠性水平难以满足数字孪生实时交互的建设需求。因此，新一代的网络技术被广泛应用于数字孪生中。SD-WAN 提供了一种灵活的网络架构，可以根据数字孪生的需求快速调整和配置网络。通过 SD-WAN，可以轻松改变网络拓扑、配置和策略，以适应数字孪生中不同的仿真和模拟需求。这种灵活性使得数字孪生可以根据需要动态地调整和优化网络资源。同时，数字孪生通常需要大量的网络带宽来传输数据和实时交互。SD-WAN 可以通过智能的流量管理和带宽优化技术，提供更高效的带宽利用和流量控制。通过对网络流量进行优化和分流，SD-WAN 可以确保数字孪生的数据传输和交互过程更加稳定和高效。

SD-WAN 可以为数字孪生提供网络支持，提供更灵活的传输、更稳定的连接和更高的安全性，满足数字孪生的建设需求，为数字孪生的发展和应用提供坚实的基础。

10.3.3　"SD-WAN+数字孪生"的多种应用场景

"SD-WAN+数字孪生"，即 SD-WAN 为网络层，提供稳定的数据传输与连接能力，数字孪生为应用层，实现虚拟空间与物理空间的深度交互与融合。两者结合，可在多种应用场景中发挥重要作用。

1. 智能制造场景

结合 SD-WAN 和数字孪生，可以实现智能制造场景下的实时监控、远程管理和优化。SD-WAN 提供高效的网络连接，保障设备和传感器之间的实时通信，而数字孪生则通过模拟和优化制造过程，帮助企业实现更高的生产效率和质量。这种结合还可以支持跨地域和跨企业的协同生产，提供全局的实时数据和分析，以便实现供应链的协同优化。

如在汽车制造行业，空气动力学性能是汽车的重要特性，优良的空气动力学性能对于提升汽车的安全性、操控性、舒适性以及能耗经济性都有着重要的意义。汽车风洞实验是评估汽车空气动力学性能的关键环节，通过模拟不同速度、风向和气流条件下的空气流动，帮助设计师改进汽车的空气动力学性能和减小气动阻力。

传统的风洞实验中需要制作一个代表实际汽车的缩比模型，这个模型通常由可塑性材料制成，需要考虑到比例缩放和几何精度，并在实验前进行模型的调整和校准。在风洞实验期间，使用各种传感器和测量仪器来监测气流参数和汽车模型的响应，包括气流速度、静压、动压、升力、阻力和侧力等，再通过分析测量数据，了解汽车的气动性能，在做出相应的设计优化后，重复上述过程。

风洞实验具有更强的直观性和实用性，但整个过程耗时且花费昂贵。SD-WAN+数字孪生可以提供快速且具有成本效益的替代方案。SD-WAN 提供高性能的连接，确保实时的数据交互和远程访问，将实验数据实时传输至分析平台，设计师可以迅速获得反馈，并快速迭代设计，从而节省时间和成本。通过数字孪生可以建立汽车的数字模型，并在虚拟环境中模拟不同的风洞实验。通过对汽车模型进行几何和流体力学特性的建模，可以进行虚拟的气流条件和流场分析。

利用"SD-WAN+数字孪生"方式开展数字风洞建设，是汽车制造业中的创新实践，这使得在软件中重现风洞实验的流场细节成为可能，也为挖掘更深层次的车辆空气动力学机理、拓展风洞实验能力，以及未来的风洞技术升级打下了坚实的基础。

从智能汽车制造的例子中可以看出，SD-WAN 可以用于实时监控和管理分布在不同地点的制造设备和传感器之间的网络连接。它可以提供高性能的连接，确保设备之间的通信畅通，以及实时数据的传输和处理。数字孪生在智能制造中的应用可以帮助企业实现虚拟仿真，优化生产流程。将物理设备与数字模型连接，可以实时监测设备的状态、性能和运行数据。这些数据可以与制造过程的数字模型进行比对和分析，以识别潜在的问题和优化机会。这种结合还可以支持跨地域和跨企业的协同生产，提供全局的实时数据并进行分析，以便实现供应链的协同优化。

2. 智慧能源场景

以能源应用中最普遍的火力发电为例。现有的火电厂监控信息系统存在以下几方面问题。

- 火电厂的监控系统通常由多个子系统和设备组成，每个子系统负责不同的功能，如发电机监控、锅炉监控、脱硫系统监控等。这些子系统之间缺乏有效的数据集成和共享机制，以致产生了数据孤岛现象，使得综合分析和综合决策变得更困难。

- 对实时数据的采集、传输和处理能力有限，实时性和响应能力不足，无法满足火电厂实时监控的运行要求。

- 缺少汽轮机、空压机、鼓风机、锅炉等重要设备的机理模型，无法实现对设备性能的实时评价。

采用"SD-WAN+数字孪生"，建立火电机组设备模型、机理模型和管理模型，实现数字模型与机组设备的双向同步和实时互动，支持安全环保管理、总体绩效监控、机组优化、燃料管理等功能，满足智慧电厂对于高水平生产的管控要求。系统整体分为五层，从下至上分别为设备层、监控层、应用支撑层、业务应用层和展示层。

在设备层，通过 SD-WAN 建立稳定可靠的网络连接，将火电机组各个设备、传感器和监控点连接到统一的监控系统。数字孪生技术利用实时数据采集和传输，建立机组设备模型（包括锅炉、脱硫系统、汽轮机等），以及机理模型，模拟火力发电过程中的燃烧、热力学性能等。

在监控层，数字孪生与设备实时同步，对机组设备的状态、参数和运行情况进行实时监测。通过数字孪生的模拟和分析，可以预测和诊断设备的故障，提供实时的维护建议和优化策略。

在应用支撑层，利用数字孪生的模拟和优化能力，支持安全环保管理、总体绩效监控、机组优化和燃料管理等功能。监控系统可以根据环保要求，实时监测和控制火力发电厂的排放情况，确保符合相关法规和标准。通过数字孪生的模拟和优化，可以提升火力发电厂的总体绩效，包括效率提升、能耗降低等方面。

在业务应用层，根据火力发电厂的具体需求，定制各种业务应用模块，包括设备管理、维护管理、调度管理等。数字孪生的模拟和优化结果可以为这些业务应用提供支持和指导，提高火力发电厂的管理效率和决策水平。

展示层是 SD-WAN+数字孪生系统的最上层，提供直观、友好的用户界面，将监控数据、模拟结果和优化策略以可视化的方式呈现给用户，帮助用户全面了解和管理火力发电厂的运行情况，实现高水平生产的管控要求。

以火电厂应用场景为例，可以看出，"SD-WAN+数字孪生"在智慧能源领域的应用将推动能源系统的智能化、高效化和可持续发展，提升能源供应的质量和可靠性，促进能源领域的创新和进步。随着技术的不断发展和应用的深入，"SD-WAN+数字孪生"将在智慧能源领域展现更加广阔的前景和应用。

3. 智能交通场景

列车运行系统是涵盖机械、电气、软件等多个组成部分紧密耦合的复杂系统，形成多层次多回路的闭环控制结构，涉及复杂的能量和信息变换与传递，为确保列车的安全和高效运行提供保障。

基于此背景，"SD-WAN+数字孪生"有望在列车运行系统中发挥重要作用。SD-WAN 提供可靠的网络连接和实时数据传输，确保物理世界与数字世界的高度一致；数字孪生提供基于多属性数据映射的精细化建模，精确地模拟和仿真列车运行过程。通过将数字孪生模型与实时监测数据相结合，构建"车—地—网"虚拟运行系统，可以更精准地预测列车在复杂多样化环境下的运行趋势，并优化控制策略。远程列车的实时监测还有助于提前发现潜在的故障和问题，预警列车运行过程中的安全风险并提供相应的维护建议，降低列车故障率和维修成本。

除保障列车本身安全运行外，通过数字孪生技术和 SD-WAN 的高速网络连接，可以实时监测列车的位置、速度、状态以及乘客数量等信息。基于数字孪生模型的分析和优化，可以实现智能列车管理，包括实时调度列车运行计划、优化列车运行速度和排班，提升乘客乘车体验。

"SD-WAN+数字孪生"在列车运行系统的应用将推动多领域协同优化、建模仿真与真实环境的融合交互，提升系统整体的实时监控、事故预防、故障诊断和维护策略优化能力，以满足列车运行的高安全性和可靠性要求。除在列车系统中的应用外，还可在智能交通管理、路况预测与导航优化、智能交通信号控制等多方面应用，从而推动交通系统的智能化、高效化并提高安全性，为人们创造更便捷、安全和环保的出行环境，在智慧交通领域应用前景广阔。

4. 智慧城市场景

随着城镇化进程加快，人口持续向大城市聚集，城市面临着越来越大的压力，这对城市管理提出了更高要求。任何城市规划和决策的实施都有可能会影响数十万甚至数千万人民群众。事实上，全球政府都越来越认识到，利用实时数字数据来管理城市发展的绩效，改善城市规划和优化决策流程，具有重要的意义。

在数字化时代，智慧城市的建设正成为应对这些挑战的重要策略。通过建立智能化的城市管理平台，实时收集、整合和分析城市各个领域的数据，城市管理者能够更准确地了解城市的运行状态、人口流动、资源利用情况等关键指标。数字化技术如"SD-WAN+数字孪生"的应用，为智慧城市提供了更强大的数据处理和网络连接能力，进一步增强了城市管理的效率和可靠性。

利用"SD-WAN+数字孪生"，智慧城市可以实现更精细化的数据建模和预测分析，从而提供更准确的决策支持。通过实时监测和分析城市交通、能源消耗、环境质量等方面的数据，可实现跨领域的协同优化，从而智慧城市可以调整交通流量、优化能源供应、改善环境质量，以实现城市资源的高效利用和环境的可持续发展。此外，智慧城市的建设也促进了政府与企业、居民之间的互动和合作，共同推动城市的创新和发展。

如某海滨城市就以数字孪生理念为指导，通过构建数字孪生平台作为重要基础平台和组成部分，这一方面可实现滨海全域全量数据资源的管理和可视化展示，另一方面，可充分利用的数据传输能力、协同计算能力、模型仿真引擎，实现滨海城市治理、民生服务、产业发展等各系统协同运转，从而形成智慧滨海城市数字大脑自我优化的智能运行模式。

随着技术的不断进步和应用的深入，SD-WAN+数字孪生在智慧城市领域的应用前景广阔。通过更好地利用数字化数据和网络连接，智慧城市可以实现更智能、高效、可持续的发展，为居民提供更舒适、便捷、安全的生活环境。同时，智慧城市的建设也为政府和企业带来了新的机遇和挑战，促进了城市的创新、经济发展和社会进步。

10.4　虚拟计算、存储和传输的时间曲线

数字世界三大基石包括：计算、存储和传输。我们可以分别从这三个领域来看虚拟化技术的时间发展曲线，从计算、存储的发展一探传输的发展前景。

10.4.1　云计算

在云计算广泛兴起之前，虚拟化技术的诞生成为云计算发展过程中关键的里程碑。虚拟化技术通过将物理资源（如服务器、存储和网络）划分为多个虚拟实体，使得资源可以更高效地利用，这为云计算的实现奠定了基础。2006 年 IBM 和 Google 合作发布联合研究报告 *Cloud Computing*，提出了云计算概念；同年，亚马逊推出首个公有云平台，提供弹性计算和存储服务；2008 年，Google 推出 Google App Engine 的

PaaS 解决方案，进一步推动了云计算的发展；而后云服务的全部形式出现。在 2009
—2016 年期间，云计算功能不断改进和完善，同时云计算服务的种类也越来越多样化。
传统企业开始意识到云计算的潜力，并通过扩展自身能力、进行收购等方式积极参与
云计算服务领域。这一时期可以看到越来越多的企业投入云计算服务中。而在 2016
—2019 年期间，云计算市场经历了激烈的竞争，各大厂商纷纷推出了主流平台产品和
标准化产品，云计算功能趋于完善。市场格局相对稳定，一些主要的云计算服务提供
商占据了市场的主导地位。云计算逐渐进入了成熟阶段，成为企业和组织进行 IT 基
础设施建设和应用部署的重要选择。

　　受益于政府的政策支持和企业数字化转型的推动，我国云计算市场发展迅速，从
2015—2020 年云计算市场规模（如图 10-2 所示）可以窥见，我国云计算的爆发式发
展趋势体现了我国云计算发展的强劲势头和巨大潜力。

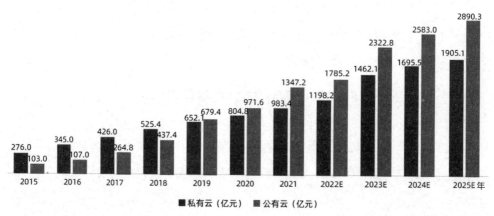

图 10-2　2015—2025 年中国云计算市场规模（数据来源：艾媒咨询）

10.4.2　云存储

　　随着数据量呈指数级增长，数据存储能力逐渐成为考验各厂商服务能力的重要标
准。面对数量巨大、来源分散、格式多样的数据，需要有适当的存储能力对其进行采
集、存储和关联分析，并从中发现新知识，创造新价值。原有的存储管理技术已经难

以适应现代电信服务业的需求，数据存储速度、存储手段、存储容量要求有了显著提升，同时存储准确性、可视性、合规性等特征需要同时被满足，这对服务提供商提出了全新的技术要求。

云存储是基于云计算相关技术延伸和发展而来的全新的数据存储解决方案。云存储的核心技术主要包括分布式存储、虚拟化技术、数据冗余和备份、数据加密和安全、缓存和数据访问优化等。这些核心技术的结合和应用，使得云存储能够提供高效、可靠、安全和可扩展的数据存储和管理服务。

我国云存储的发展大致可分为以下四个阶段。

2000—2010 年的起步阶段，云存储概念还未被广泛引入中国市场，主要以传统的本地存储为主。一些大型企业和机构开始意识到数据存储和管理的挑战，并开始引入一些存储解决方案，但整体发展较为有限。

21 世纪 10 年代初至中期，随着云计算概念的提出和云服务的兴起，特别是 2012 年国家将云计算列为重点发展的战略性新兴产业之后，云存储在中国迅速发展。大型互联网公司如阿里巴巴、腾讯和百度等开始提供云存储服务，为企业和个人用户提供存储空间和数据管理工具。

21 世纪 10 年代中晚期，越来越多的企业和组织开始意识到云存储的优势，纷纷采用云存储解决方案来管理和存储数据，云存储在中国迎来了快速增长。

21 世纪 10 年代晚期至今，云存储市场的竞争日益激烈，云存储服务提供商不断创新和改进产品。但在 2016 年，监管政策收紧导致大批网盘企业关停，个人云存储用户规模急剧下降，同时企业云存储却迎来高速发展期。新的技术和服务模式涌现，如混合云存储、边缘存储等。同时，云存储的企业应用场景也在不断扩大，涉及各行各业的数据存储和管理需求，包括企业存储、大数据分析、物联网等。从前瞻产业研究院的云存储市场规模研究来看，云存储规模还在持续增长（如图 10-3、图 10-4 所示）。

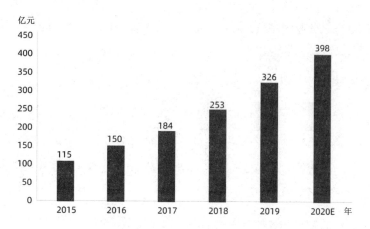

图 10-3　2015—2020 年中国云存储市场规模情况（数据来源：前瞻产业研究院）

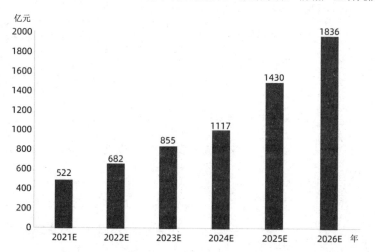

图 10-4　2021—2026 年中国云存储市场规模情况预测（数据来源：前瞻产业研究院）

10.4.3　云传输

不论是私有云、公有云还是混合云，都离不开传输。与过去不同，如今的传输手段不再局限于物理实体线路构建的拓扑结构，而是逐渐向虚拟化、智能化转型。其中，由 SDN 概念衍生出的 SD-WAN 在传输层面尤为关键，即云传输。

SD-WAN 的概念最早由开放网络用户组织（Open Networking User Group，ONUG）在 2014 年的一次会议上提出，它经历了概念的引入、创业公司先行、老牌厂商入局和广泛应用四个阶段的发展。在创业公司的推动下，SD-WAN 开始成为网络行业的热门话题，并引起了企业的关注。

　　根据 IDC 对 SD-WAN 市场的初步调研和统计数据（如图 10-5 所示），中国 SD-WAN 应用始于 2017 年，并在 2018 年出现了快速增长。在 2019 年，中国 SD-WAN 市场的增速超过了 130%，市场规模接近 7000 万美元。而到了 2020 年，中国 SD-WAN 市场规模进一步增长，达到了 1 亿美元，增速超过 50%。

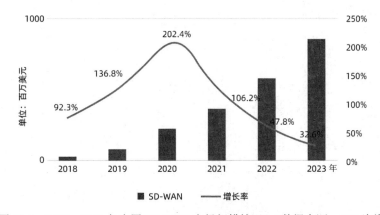

图 10-5　2018—2023 年中国 SD-WAN 市场规模情况①（数据来源：IDC 咨询）

　　纵观云计算、云存储和云传输的增长率发展情况，云计算与云存储在 2018 年迎来了显著的增长，展现出了强劲的发展势头。然而，相对于云计算和云存储，云传输，即 SD-WAN 在 2020 年迎来了一次爆发式的增长，其增长率几乎可以用"一骑绝尘"来形容。

　　这一现象反映出，在云计算和云存储快速发展的当下，对 SD-WAN 的需求变得越来越强烈。SD-WAN 作为连接企业分支机构和云服务的关键技术，为企业提供了灵活、可靠和安全的网络连接解决方案。随着数字化转型的推进，企业对于网络性能和可靠性的需求日益增长，SD-WAN 正成为满足这些需求的理想选择。

---

① IDC 咨询. SD-WAN 江湖——原有网络市场格局将被彻底打破[EB/OL]. [2020-03-24].

总结和致谢

1. 总结

在本书中，我们从源自 SD-WAN 的云联接开始，深入探讨了其概念、技术和各行业应用场景，并延伸介绍了 SD-WAN 的广阔应用前景。读者通过本书能够对 SD-WAN 有一个全面的了解，并且可以将本书作为如何落地 SD-WAN 的实战指南。

随着数字化转型的加速和企业对网络性能和安全的需求不断增长，SD-WAN 作为一种创新的网络解决方案，正迅速走进企业网络的中心舞台。它不仅提供了灵活性、可靠性和可扩展性，还为企业提供了更好的网络管理和控制能力。

然而，SD-WAN 的发展还面临一些挑战和机遇。网络安全、云集成、应用性能优化等方面的需求不断演变，要求 SD-WAN 持续创新和发展。此外，与传统网络技术的融合以及与新兴技术如 5G、人工智能和边缘计算的结合也为 SD-WAN 带来更多的可能性。

我们相信，SD-WAN 将继续在企业网络中发挥重要作用，为企业提供更灵活、安全和高效的连接解决方案。无论是中小型企业还是大型跨国公司，SD-WAN 都将成为其网络转型的关键技术之一。希望本书能够为读者提供有价值的信息和洞察，帮助读者更好地理解和应用 SD-WAN 技术。我们对 SD-WAN 的未来充满信心，期待它在不断发展中为企业带来更多的好处。

从宏观的角度来看，SD-WAN 是网络通信技术发展到一定阶段的产物，仍然会遵照历史规律，经历兴起、成熟、稳定、消亡的发展阶段。但是，我们认为未来的网络通信技术仍然会继续朝着软件定义和虚拟化的方向发展，这将使网络更灵活，最终消除对硬件的依赖性，也更能面向云计算和多云环境。在此基础上，如同 SaaS 模式让软件应用回归服务的本质，网络也将以服务的方式提供给用户。网络服务化使网络资源更灵活且更具弹性，用户可以根据业务需求动态配置和扩展网络服务，这种灵活性促使企业更好地适应不断变化的业务需求。

虚拟化的网络使得其与其他技术能力的结合更加容易。除了服务化，我们认为未来的网络将是愈加智能的网络，AI 技术将在网络规划、网络管理、网络安全等方面发挥巨大作用。如根据实时监控网络流量自动调整网络资源，或识别潜在威胁或故障并自动应对，无须人工干预。如自动分析大规模网络数据以提供业务洞察与决策支持。这将使我们能够更好地应对数字化时代的挑战。

我们早已认识到网络通信技术在现代社会中至关重要，它通过影响各种应用的可用性来塑造我们的生活、工作和社会形态。比如 VR（虚拟现实）和 AR（增强现实）应用需要高性能的网络来提供逼真的虚拟体验；自动驾驶需要高度可靠的通信网络以进行实时数据传输和交通管理；远程医疗应用需要可靠的网络连接，以支持远程诊断、远程手术和医疗数据传输。随着网络能力的不断增强，对不同类型应用的支撑能力也在不断提高。因此，在未来的网络中，应用空间将更为广阔，AR/VR、高清流媒体、无人驾驶等应用场景将日益增加，数字经济、科技创新将引领各行业高质量发展。

总结来看，我们认为未来网络通信的发展可能呈现以下趋势：

- 未来的网络将会持续向虚拟化方向发展，最终消除对硬件的依赖。
- 网络将越来越多地以服务的方式提供给用户。
- 未来的网络将越来越智能，越来越不需要人工参与。
- 未来的网络中，AR/VR 等新型应用场景将日益增加。

最后，让我们共同见证 SD-WAN 的蓬勃发展，为数字化时代的网络连接铺就一条更加强大、灵活和安全的路径。我们将怀着兴奋的心情，迎接未来网络通信技术的挑战和机遇，共同塑造一个更加连接、智能和可持续的数字世界。未来已来，我们将在这个未来中共同前进。

2. 致谢

本书编写历经一年有余，凝聚了团队全体同人的诸多心血。感谢他们的付出，本书中所有的行业案例均来源于真实项目，没有他们的实践，就没有本书的面世，他们严谨求实的态度、团结协作的精神，历历在目。特别感谢我的同事黄涵穗和刘畅，在本书的创作过程中给予了无私的协助。

感谢电子工业出版社的编辑们，编辑工作，费心费力，为嫁衣之功，行不言之教，我受益良多，受惠长远。

感谢所有通信行业的从业者，正是因为你们的辛勤努力、智慧和奉献，通信行业才得以蓬勃发展，将世间万物连接在一起，创造了一个更加紧密和互联的世界。

最后，衷心感谢每一位在这本书完成过程中给予帮助和支持的人，你们的贡献不可或缺。让我们共同分享这份激情，为这本书的精彩问世共同欢呼。在未来的创新征程中，让我们继续携手共进，书写更多辉煌的篇章。前方的道路延伸无尽，愿我们砥砺前行，创造更多价值！